어떻게 물리학을
사랑하지 않을 수 있을까?

THE WORLD ACCORDING TO PHYSICS

이 세상을 이해하는 가장 정확한 관점

어떻게 물리학을
사랑하지 않을 수 있을까?

THE
WORLD
ACCORDING
TO
PHYSICS

짐 알칼릴리 지음
김성훈 옮김

윌북

추천의 글

　　무엇인가를 사랑하는 사람의 글에는 활기가 돈다. 자신의 사랑을 낱낱이 담고 싶어서, 어떻게든 이 아름다움을 전하고 싶어서 애쓰는 덕이다. 짐 알칼릴리의 글에서도 그런 활기가 느껴진다. 저자는 물리학이란 앎에 대한 무구한 호기심이 인간의 지성과 만난 최선의 결과물임을, 이론과 증명이 교차되는 화려한 지성의 영역임을 최선을 다해 설명한다. 그의 열정적인 눈으로 바라보는 세상은 어쩜 이리 경이로운지. 물리학의 눈으로 바라보는 세계는 몇 가지 법칙으로 깔끔하게 설명되는 명쾌함과 우리의 상식으로는 도저히 이해되지 않는 미지의 신비가 공존하는 세계다. 복잡한 미로를 헤매고 때로는 부침을 겪어도 마침내 다 같이 진리를 향해 나아가는 세계다. 누구나 물리학을 사랑하기는 쉽지 않겠지만, 누구나 물리학이 보여주는 세계에, 또 과학자들이 모여서 한 발 한 발 나아가는 모습에 감탄하게 될 것이다. 그리고 감탄은 사랑의 첫 번째 단계다. 어쩌면 이 책이 당신의 첫 번째 단계가 될 수 있을지도 모른다.

김겨울_작가이자 유튜버

물리의 세계는 정말 기이함과 놀라움으로 가득하다. 하지만 짐 알칼릴리가 보여주듯, 결코 이해 불가한 영역은 아니다. 물리학의 핵심 원리에 대한 그의 단순하고, 심오하고, 정확한 설명이 함께한다면 일반 독자도 생각을 넓히는 물리 지식에 접근할 수 있다.

프랭크 윌첵Frank Wilczek, 2004년 노벨 물리학상 수상자,

『뷰티풀 퀘스천A Beautiful Question』저자

알칼릴리는 과학의 대중화에 앞장서온 대단히 재능 있는 과학자다. 그가 물리학적 입장에서 우주에 대해, 그 관점을 뒷받침하는 증거에 대해 이야기한다. 결과는 대성공이다!

이언 스튜어트Ian Stewart,

『신도 주사위 놀이를 한다Do Dice Play God?』저자

새로운 주제들과 익숙한 주제들을 하나로 엮어 현대 물리학에 대해 포괄적으로 설명하는 책이다. 알칼릴리는 자기만의 경쾌한 화법으로 이를 아주 훌륭하게 해낸다.

페드루 G. 페레이라Pedro G. Ferreira,

『완벽한 이론The Perfect Theory』저자

이 작은 책에 얼마나 거대한 과학이 담겨 있는지! 짐 알 칼릴리는 서두르지 않고 방대한 현대 물리학을 이해하기 쉽게 전체적으로 조망한다. 현대 물리학자들이 우주에서 가장 어려운 문제들에 대해 어떻게 생각하는지 궁금한 독자라면 누구든 이 책을 즐겁게 읽을 수 있을 것이다.

손 캐럴Sean Carroll,

『다세계Something Deeply Hidden』 저자

이 책은 스스로 과학에 문외한이라 생각하는 독자라도 쉽게 읽을 수 있을 정도로 명료하고 읽기 편하게 쓰였다. 많은 사람이 읽어야 할 필독서다.

조슬린 벨 버넬Jocelyn Bell Burnell,

옥스퍼드대학교 천체물리학과 초빙교수

일러두기

- 저자의 주는 ◆로, 옮긴이의 주는 ☀로 구분하였습니다.
- 국내에 출간된 책은 『번역서명(원서명)』으로, 미출간된 책은 『원서명
  (번역)』으로 표기하였습니다.
- 물리학용어는 한국물리학회 홈페이지의 물리학용어집을 참고하였습
  니다.

이 책은 물리학에 부치는 송시입니다.

10대 시절, 저는 물리학과 처음 사랑에 빠졌습니다. 솔직히 제가 물리학에 재주가 있다는 것을 깨닫고 나니 더 좋아진 면도 있죠. 물리학은 퍼즐 풀이와 상식을 재미있게 섞어놓은 과목 같았습니다. 방정식과 대수학 기호를 만지작거리며 수치를 집어넣으면 자연의 비밀이 드러나는 것이 재미있었죠. 그리고 그 시절에 깨달은 것이 하나 더 있어요. 머릿속을 비집고 들어오던, 우주의 본성과 존재의 의미에 관한 여러 심오한 질문에 만족스러운 해답을 얻으려면 물리학을 공부해야 한다는 사실이었습니다. 저는 알고 싶은 것이 참 많았습니다. 우리는 무엇으로 만들어졌을까? 우리는 어디에서 왔을까? 우주에도 시작이나 끝이 있을까? 우주는 유한할까, 아니면 무한히 뻗어 있을까? 아버지가 말씀하셨던 양자역학이라는 것은 대체 무엇일까? 시간의 본질은 무엇일까? 이런 질문에 답을 구하려다 보니 평생 물리학을 연구하게 됐죠. 이제는 해답을 얻은 질문도 있고, 여전히 답을 구하고 있는 질문도 있습니다.

　　인생의 수수께끼에 대한 답을 구하기 위해 어떤 사람은 종교에, 어떤 사람은 다른 이데올로기에, 어떤 사람은 신념체계에 의지합니다. 하지만 저에게는 조심스럽게 가설을 세우고 검증해서 자연에 대한 사실을 추론하는 방법 말고 다른 대안은 없습니다. 이것은 과학적 방법론의 전형적인 특징이죠. 세상을 이해하려는 여러 가지 진리 탐구 방법이 모두 똑같이 유효하다고, 과학 특히 물리학을 통해 세상을 이해하는 것도 그중 한 가지에 불과하다고 저는 결코 생각하지 않습니다. 과학이야말로 우리가 신뢰할 수 있는 단 하나의 방법이죠.

　　모든 사람이 저처럼 물리학과 사랑에 빠지지는 않습니다. 과학은 괴짜들이나 좋아하는 어려운 과목이라는 생각이 들어서, 혹은 남들이 그렇게 이야기해서 과학 공부를 포기한 사람도 있을 겁니다. 물론 미묘한 양자역학을 이해하려면 골치가 아파지는 게 사실입니다. 하지만 이 우주의 경이로움은 모든 사람이 음미할 수 있고, 또 그래야 합니다. 우주에 대한 기본적인 내용은 평생 과학 연구에 몸을 바치지 않아도 이해할 수 있어요. 이 책에서 저는 물리학이 그토록 경이로운 이유, 물리학이 과학의 토대인 이유, 세상을 이해하는 데 물리학이 결정적으로 중요한 이유를 설명하고 싶습니다. 오늘날 물리학은 놀라울 정도로 세상을 광범위하게 다룹니다. 이제 우리는 세상에서 보이는 (거의) 모든 것이 무엇으로 만들어지고 어떻게 유지되는지 알고, 우주 전체의 진화를 시간과 공간 자체가 탄생한 직후의 순간까지 거슬러 추적할 수 있습니다. 또 자연의 물리법칙에 대한 지식을 이용해 우리 삶을 뒤바꿔놓은 기술을 발전시켰습니다. 모두 정말 경이로운 일이죠. 지금 이 글을 쓰면서도 자꾸 이런 생각이 듭니다. '도대체 어떻게 물리학을 사랑하지 않을 수 있을까?'

이 책은 물리학의 가장 심오하고 근본적인 개념들을 소개할 생각으로 썼습니다. 하지만 여기서 다룰 주제들은 아마도 여러분이 학교에서 접해보지 못했던 것들이 아닐까 합니다. 일부 독자에게는 이 책이 물리학과의 첫 만남일 수도 있을 겁니다. 어쩌면 이 만남으로 누군가는 물리학에 대해 더 알고 싶어져 저처럼 물리학 연구의 길로 빠져들게 될지도 모르죠. 물리학과의 첫 만남에서 좋은 인상을 받지 못했던 사람이라면, 이 책이 물리학과 다시 친해질 수 있는 계기가 되어줄 수도 있을 겁니다. 무엇보다 우주를 이해하고자 탐구해온 인류의 여정이 얼마나 멀리 이어져 왔는지 보고 경이로움을 느끼게 될 것입니다.

세상의 본질에 대해 물리학이 알려주는 실용적인 지식을 전달하기 위해, 저는 현대 물리학에서 가장 중요한 개념들을 골라 이들이 서로 어떻게 연결되는지 보여주려고 합니다. 끝없이 광활한 우주에서 작디작은 양자세계까지, 자연법칙을 통합하려는 탐구에서 생명을 지배하는 가장 단순한 물리적 원리를 찾으려는 탐구까지, 추상적인 이론물리학의 최전선에서 일상 경험과 기술을 뒷받침하는 우리 삶 속 물리학까지, 실로 다양한 개념의 풍경을 둘러보게 될 것입니다. 새로운 관점도 제공하려 합니다. 우리 물리학자들은 이런 관점을 받아들이는 법을 배웠지만, 이 관점을 '골수' 전문가를 제외한 '외부' 사람들에게 전하는 데는 서툴렀습니다. 예를 들어 아원자 규모에서는 분리된 입자들이 아주 멀리 떨어져 있어도 즉각적으로 서로 소통합니다. 이건 상식에 어긋나는 일이죠. 비국소성이라는 이 속성 때문에 궁극적으로 우리는 공간의 구조 자체를 완전히 새로 이해해야 할 입장에 놓였습니다. 하지만 안타깝게도 많은 물리학 비전공자가 이것의 진정한 의미를 잘못 이해하거나 해석하고 있습니다(사실은 일부 물리학자조차 그렇습니다).

　　물리학의 기본 개념을 다루는 대중과학 서적들은 흔히 일반 독자가 실제 의미를 이해하는 데 도움이 안 된다는 비판을 받곤 합니다. 개념을 정확히 이해하고 연구 논문을 작성하거나 새로운 이론을 만들어내는 물리학자라 하더라도 자신이 아는 것을 비전공자에게 설명하는 능력이 뛰어나다는 법은 없기 때문에 이런 비판이 나온다고 생각합니다. 하지만 반대로, 연구 내용을 대중에게 전달하는 데 경험이 많은 사람이라 해도 어떤 개념은 깊이 이해하지 못해 설명이 그저 단순한 비유에 그칠 수 있습니다. 또한 물리학을 제대로 이해하고 비전공자들과 성공적으로 소통할 수 있는 사람이라 해도, 복잡한 수학 이야기를 꺼내지 않고서 게이지 불변성gauge invariance, 이중성duality, 영원한 급팽창, 홀로그래피 원리, 등각장론conformal field theory, 반 드지터 공간anti-de Sitter space, 진공에너지 같은 용어를 설명하고 물리학에 대한 진정한 통찰을 전달하기란 만만치 않습니다. 저도 제 나름 설명에 최선을 다했지만, 더 잘할 수도 있지 않나 느끼는 독자도 있을 겁니다. 맞는 이야기입니다.

이 책에서 간단히 다룬 특정 주제에 대해 더 깊이 파고들고 싶은 사람이 있다면, 갈증을 해소해줄 훌륭한 책들이 많이 나와 있습니다. 독자 여러분이 접근하기 가장 좋을 듯한 책들을 이 책의 마지막에 정리해놓았습니다. 목록에 올라 있는 책 중에는 고대 그리스 이후로 수천 년 동안 물리학이 어떻게 발전해왔고 어떤 발견이 이루어졌으며 가설과 이론이 어떻게 제기되고 폐기되었는지 등 과학이 발전해온 여정을 설명하는 것이 많습니다. 또한 우주에 대한 기존의 관점을 뒤집은 혁명과 그 역사적 사건에 등장하는 핵심 인물에 초점을 맞추는 경우가 많습니다.

하지만 이 짧은 책에서는 우리가 얼마나 먼 길을 걸어왔는지, 또 아직 가야 할 길이 얼마나 먼지에 대해서는 이야기하지 않겠습니다. 얼마나 가야 할지는 저로서도 알 수 없고, 아마도 아주 긴 여정이 남아 있을 것이기 때문입니다. 그래도 8장에서는 우리가 '모르고 있음'을 '아는' 내용에 초점을 맞춰 이야기를 진행해보 겠습니다.

저는 특정 이론을 선전하지는 않을 겁니다. 예를 들어 양자역학과 일반상대성이론을 통합하는 것은 현대 이론물리학 의 성배와도 같은 주제인데, 이 문제에 관해서 저는 이런 통합을 목표로 하는 두 진영의 어느 쪽도 지지하지 않습니다. 저는 끈 이론string theory 지지자도, 고리양자중력이론loop quantum gravity theory 지지자도 아닙니다. 양쪽 이론 모두 제 전공이 아니기 때 문입니다. 양자역학의 의미를 해석하는 문제에서도, 코펜하겐 학파나 다중세계 해석 어느 쪽도 지지하지 않습니다. 하지만 그 렇다고 이런 주제에 대한 뜨거운 토론을 마다하지는 않을 겁 니다.

시간과 공간의 본질, 양자역학의 다양한 해석, 심지어 는 실재reality 그 자체의 의미 등 물리학의 최전선에서 접하는 심 오한 개념을 다루다 보면 철학적이고 형이상학적인 사색에 빠 지고 싶은 유혹이 들지만, 그런 유혹에 너무 휩쓸리지 않게 조심하겠습니다. 그렇다고 물리학에 철학이 필요 없다는 의미는 아 닙니다. 가장 근본적인 수준에서 물리학이 철학을 반영한다는 것을 보여주는 사례가 있습니다. 놀라실 수도 있겠지만, 사실 물 리학자들은 물리학 본연의 임무가 무엇인지에 대해서조차 아직 의견이 엇갈리고 있습니다. 한쪽에서는 아인슈타인이 믿었던 것처럼 물리학의 임무는 세상의 실제 모습을 밝혀내는 것, 즉 저 기 어디선가 발견될 날을 기다리고 있는 궁극의 진리를 찾아내 는 것이라 생각합니다. 다른 한쪽에서는 우리가 결코 진정으로 이해하지 못할 수도 있는 실재에 대한 모형을 구축해, 현재의 상 황에서 그 실재에 대해 최선을 다해 설명하는 것이 목표라고 생 각합니다. 이 문제에서 저는 아인슈타인의 편입니다.

간단히 말하자면, 저는 물리학이 우주 전체를 이해하기 위한 도구를 제공한다고 주장하고 싶습니다. 물리학 연구는 설 명을 찾는 일이지만, 그 연구에 착수하려면 먼저 올바른 질문을 던져야 합니다. 이것은 철학자들의 특기죠.

그래서 이런 상황에 어울리는 겸손한 마음가짐으로 이 여정을 시작하려 합니다. 바로 아이와 어른 그리고 과거와 미래 의 세대가 모두 공유하는, '모르는 자'의 마음가짐입니다. 아직 모르는 것이 무엇인지 짚어봄으로써 우리는 알아낼 최고의 방 법을 생각할 수 있습니다. 우리가 사랑하는 이 세상을 점점 더 정확하게 이해할 수 있었던 건 전 인류 역사에 걸쳐 우리가 던진 수많은 질문 덕분이었습니다.

그럼 이제 물리학이 말하는 세상으로 여행을 떠나봅시다.

1

이해에서 오는
경외감

이야기는 인간의 문화에서 영원히 빠질 수 없는 부분입니다. 과학에서도 예외가 아니죠. 이야기가 없다면 우리의 삶은 아주 공허해질 겁니다. 하지만 이제 현대 과학은 수많은 고대신화와 미신을 밀어내고 그 자리를 대신 차지했습니다. 세상을 이해하는 접근 방식에 딸려 있는 미신을 우리가 어떻게 타파해왔는지 보여주는 좋은 사례를 창조신화에서 찾아볼 수 있습니다. 역사의 여명기부터 인류는 수메르의 하늘신 아누를 비롯해, 혼돈에서 창조되었다는 그리스 대지의 여신 가이아, 아브라함 종교*의 창세기신화에 이르기까지, 세상의 기원에 대한 이야기와 세상을 창조하는 데 중요한 역할을 한 신들을 발명했습니다. 이 중 아브라함 종교의 창조신화는 전 세계 여러 문화에서 지금도 문자 그대로 '진리'로 받아들여지고 있죠. 과학 비전공자의 입장에서는, 우주의 기원을 설명하는 이야기로서 현대 우주론이 종

---

*   아브라함을 시조로 삼는 기독교, 유대교, 이슬람교 등을 일컫습니다.

교적 신화보다 딱히 나을 것이 없어 보일 수 있습니다. 현대 이론물리학의 추상적인 주장들을 듣다 보면 이런 지적이 일리 있다는 생각이 들 법도 하죠. 하지만 현대 과학은 이야기나 설명을 어떤 문제 제기 없이 맹목적인 믿음으로 받아들이는 대신, 이성적 분석과 세심한 관찰로 검증하고 과학적 증거를 구축하면서 힘들게 여기까지 왔습니다. 이제 우리는 우주에 대해 꽤 많이 알고 있고, 현재 남은 미스터리들도 초자연적인 힘을 빌려서 설명할 필요가 없노라고 상당한 확신을 가지고 말할 수 있습니다. 이런 미스터리들은 우리가 미처 이해하지 못한 현상일 뿐이라고 말이죠. 바라건대 이런 현상들도 언젠가는 이성과 합리적 탐구, 물리학을 통해 이해할 수 있을 것입니다.

일부의 주장과 달리 과학적 방법론scientific method은 그저 세상을 바라보는 또 하나의 방법에 불과한 게 아닙니다. 한낱 문화적 이데올로기나 신념체계도 아니고요. 과학적 방법론은 시행착오, 실험과 관찰, 틀렸거나 불완전한 것으로 밝혀진 개념을 더 나은 개념으로 대체할 준비가 된 마음으로, 자연의 패턴과 그 패턴을 기술하는 아름다운 수학 방정식 등을 이용해 자연에 대해 알아가는 방식입니다. 그 과정에서 우리는 자연을 더욱 깊이 이해하고, 세상의 참모습인 '진리'에 한 걸음씩 다가서게 됩니다.

과학자들도 다른 사람들과 마찬가지로 당연히 꿈과 편견이 있습니다. 그래서 관점이 전적으로 객관적이지만은 않죠. 한 무리의 과학자가 '과학적 합의'라 부르는 것이 다른 과학자들 눈에는 '독단적 주장'으로 비칠 수 있습니다. 한 세대에서 기정사실로 여겼던 것이 그다음 세대에서는 순진한 생각에서 비롯된 오해로 밝혀질 수도 있죠. 종교, 정치, 스포츠와 마찬가지로 과학에서도 항상 논란이 들끓어왔습니다. 이런 과학적 이슈가 미해결 상태인 동안, 적어도 합리적 의심이 가능한 상황이 지속되는 동안에는 양쪽 진영의 입장이 깨기 힘든 이데올로기로 고착되곤 합니다. 양쪽 관점에 복잡하고 미묘한 차이가 있어서, 각 지지자들도 다른 종류의 이데올로기 논쟁을 벌이는 사람들과 마찬가지로 귀를 닫고 요지부동일 때가 많죠. 종교, 정치, 문화, 인종, 성별에 대한 사회적 태도에서 보듯 새로운 세대가 등장해서야 비로소 과거의 족쇄에서 벗어나 논의를 전진시키는 경우도 없지 않습니다.

하지만 과학에는 다른 분야와 다른 중요한 차이점이 한 가지 있습니다. 널리 뿌리내리고 있던 과학적 관점이나 오래된 이론이 단 한 번의 세심한 관찰이나 실험 결과만으로도 쓸모없는 퇴물이 되어 새로운 세계관에 자리를 내줄 수 있다는 점입니다. 그래서 우리는 자연현상에 대한 이론과 설명 중 오랜 시간 검증에서 살아남은 것들을 가장 신뢰합니다. 태양이 지구 주위를 도는 것이 아니라 지구가 태양 주위를 돌고 있고, 우주는 정지해 있는 것이 아니라 팽창하고 있으며, 진공 속에서 빛의 속도는 관찰자가 어떤 속도로 움직이며 측정하든 상관없이 일정하다. 이런 것들이 우리가 가장 확신할 수 있는 이론들입니다. 세상에 대한 관점을 송두리째 바꾸어놓을 중요한 과학적 발견이 새로 나왔다고 해서, 모든 과학자가 즉각적으로 그것을 받아들이지는 않습니다. 하지만 그것은 과학의 문제가 아니라 그 당사자들의 문제일 뿐입니다. 과학의 진보는 멈출 수 없으며, 진보는 항상 좋은 것입니다. 무지보다는 지식과 계몽이 언제나 나은 법입니다. 우리는 무지의 상태에서 출발하지만 모르는 것을 기어코 알아내려 합니다. 그 과정에서 논란이 생기기도 하지만 결국 우리가 밝혀낸 것을 무시할 수는 없죠. 세상의 실체에 대한 과학적 이해라는 문제에서 '모르는 게 약'이라는 주장은 쓰레기에 불과합니다. 더글라스 애덤스Douglas Adams*가 이렇게 말한 적이 있죠. "언제라도 무지에서 오는 경외감보다는 이해에서 오는 경외감을 택하겠다."◆

---

* 　소설 『은하수를 여행하는 히치하이커를 위한 안내서The Hitchhiker's Guide to the Galaxy』의 저자입니다.

우리가 모르는 것

사실 우리가 아직 모르는 것이 얼마나 많은지 아직도 계속 밝혀지는 중입니다. 이해를 넓혀감에 따라 우리의 무지에 대한 이해도 넓어지는 셈이죠. 뒤에서 설명하겠지만, 어찌 보면 이는 현재 물리학이 처한 상황이기도 합니다. 우리는 지금 역사적 순간에 놓여 있습니다. 많은 물리학자가 물리학의 위기까지는 아니지만 적어도 지금 물리학 내부에서 무언가 부글부글 끓어오르고 있다고 여깁니다. 무언가 곧 일이 터질 것 같습니다. 몇십 년 전만 해도 모퉁이만 돌면 '모든 것의 이론theory of everything'과 마주칠 듯한 분위기 속에서 스티븐 호킹Stephen Hawking 같은 저명한 물리학자들이 이런 질문을 던졌죠. "이론 물리학의 종착역이 가까워졌는가?Is the end in sight for theoretical physics?"◆◆ 이제 물리학에는 꼼꼼히 마무리하는 일만 남았다고 들 했습니다. 하지만 틀렸죠. 이런 일이 처음도 아닙니다. 19세

◆   『The Salmon of Doubt: Hitchhiking the Galaxy One Last Time(의심의 연어: 은하수 히치하이커의 마지막 여행)』(New York: Harmony, 2002), p.99.

◆◆   스티븐 호킹이 1981년에 쓴 논문의 제목입니다. 《물리학회보Physics Bulletin》, Vol.32, No.1(1981), pp.15-17.

기 말에도 물리학자들은 비슷한 이야기를 했습니다. 하지만 뒤이어서 전자, 방사능, X선 등 당시에 알려진 물리학으로는 설명할 수 없는 새로운 발견이 봇물 터지듯이 쏟아져 나왔습니다. 그리고 이런 발견이 현대 물리학의 탄생을 이끌었습니다. 오늘날의 물리학자 중에는 상대성이론과 양자역학의 탄생을 목격했던 한 세기 전의 격변기만큼이나 거대한 물리학 혁명이 다시 눈앞에 다가왔다고 느끼는 사람이 많습니다. X선이나 방사능처럼 새로운 근본적 현상을 발견하게 되리라는 이야기는 아닙니다. 현재의 교착 상태를 해결해줄 또 한 명의 아인슈타인이 필요할지도 모른다는 의미죠.

　　강입자충돌기는 2012년에 힉스 보손Higgs boson을 검출해서 힉스장Higgs field의 존재를 확인하는 데 성공한 이후로 별다른 진전을 이루지 못하고 있습니다. 당시 많은 물리학자가 지금쯤이면 다른 새로운 입자들이 발견되어 오래된 미스터리를 해결하는 데 도움을 줄 것이라 생각했죠. 하지만 우리는 은하를 한데 붙들어 매는 암흑물질이나 우주를 찢어발기는 암흑에너지의 본질도 여전히 이해하지 못하고 있습니다. 또한 어째서 물질matter이 반물질antimatter보다 많은지, 왜 우주의 속성이 항성, 행성, 생명의 존재가 가능하도록 그렇게 미세하게 조정되어 있는지, 과연 다중우주multiverse가 존재하는지, 우리가 지금 보고 있는 우주를 탄생시킨 빅뱅 이전에도 무언가가 존재했는지 등 여러 가지 근본적인 질문에 대해서도 답을 내놓지 못했습니다. 설명할 수 없는 것이 아직 너무도 많죠. 하지만 지금까지 이룩한 성공도 결코 만만치 않습니다. 일부 과학이론들이 생각했던 것보다 더 깊은 수준에서 서로 연결되어 있음이 밝혀질 수도 있고, 어떤 이론은 아예 틀린 것으로 밝혀질 수도 있겠지만, 우리가 지금까지 꽤나 성과를 거두어왔다는 것은 그 누구도 부정하지 못할 것입니다.

때로는 새로운 실증적 증거가 나타나 그동안 헛다리를 짚고 있었음을 깨닫기도 합니다. 때로는 어떤 개념이 틀리지는 않았지만 그저 거친 근사치임이 밝혀져, 그 개념을 개량해서 실제에 더 가까운 정확한 그림을 얻어내기도 하죠. 기초물리학 분야 중에는 아직 최종 진리가 드러나지 않아 전적으로 만족할 수는 없지만, 그래도 유용하기 때문에 당분간은 의존할 수밖에 없는 것들이 있습니다. 이를 잘 보여주는 사례가 뉴턴의 만유인력 법칙universal law of gravitation입니다. 아직도 당당하게 '법칙'이라 불리는데, 그건 만유인력을 발견했을 당시 과학자들이 이거야말로 최종 진리라고 너무 확신해서 한낱 '이론'이 아닌 '법칙'의 지위로 격상시켰기 때문입니다. 잘못된 확신이었음이 드러났는데도 그 이름이 그대로 굳어졌습니다. 이제는 아인슈타인의 일반상대성이론이 뉴턴의 법칙을 대체했습니다('이론'으로 불리고 있다는 점에 주목하세요). 중력에 대해 더욱 심오하고 정확한 설명을 제공해주었기 때문이죠. 하지만 우주 비행의 궤적을 계산할 때는 여전히 뉴턴의 방정식을 사용합니다. 뉴턴역학의 예측이 아인슈타인의 상대성이론만큼 정확하지는 않지만, 거의 모든 일상적 용도로 사용하기에는 아쉽지 않을 만큼 정확하기 때문이죠.

아직도 연구 진행 중인 또 다른 주제로 입자물리학의 표준모형Standard Model이 있습니다. 이것은 전약이론과 양자색역학이라는 별개의 수학이론 두 가지를 합쳐놓은 것입니다. 이두 가지를 합치면 알려진 모든 소립자와 그 사이에서 작용하는 힘의 속성을 기술할 수 있습니다. 어떤 물리학자들은 표준모형이 그저 더 정확한 통일이론이 발견될 때까지 사용될 임시방편에 불과하다고 생각합니다. 하지만 놀랍게도 현 상황에서 표준모형은 물질의 본성에 대해 우리가 알아야 할 모든 것을 설명해냅니다. 전자가 원자핵 주변에서 어떻게 배열되는지, 왜 그렇게 배열되는지, 물질이 빛과 어떻게 상호작용하는지(따라서 어떻게 거의 모든 현상을 설명할 수 있는지) 모두 알려주죠. 그리고 이 모형의 한 측면에 불과한 양자전기역학quantum electrodynamics은 가장 심오한 수준에서 화학 전반을 설명해줍니다.

하지만 표준모형은 물질의 본성에 관한 최종 진리가 될 수 없습니다. 중력을 제외한 모델이고, 우주 구성물질의 대부분을 이루는 암흑물질이나 암흑에너지를 설명하지 못하기 때문이죠. 어떤 질문에 대한 해답을 찾으면 자연스럽게 또 다른 질문으로 이어집니다. 그래서 물리학자들은 이 오래되고 중요한 미해결 문제에 대한 답을 알아내기 위해 표준모형을 뛰어넘는 이론을 계속 탐색하고 있습니다.

진보는 어떻게 이루어지는가?

과학 분야는 이론과 실험의 지속적인 상호작용을 통해 진보하는데 물리학은 특히나 그렇습니다. 이론은 예측이 실험으로 입증된 동안에만 시간의 검증에서 살아남을 수 있죠. 좋은 이론이라면 실험으로 검증할 수 있는 새로운 예측을 내놓아야 합니다. 하지만 그 실험 결과가 이론과 충돌할 경우에는 이론을 수정하거나 아예 폐기해야 합니다. 역으로 새로운 이론이 필요한, 설명되지 않는 현상을 실험실에서 찾아낼 때도 있죠. 이런 협력관계가 물리학만큼 아름답게 이루어지는 과학 분야는 없을 겁니다. 이론수학의 정리는 논리, 연역, 공리적 진리로 증명됩니다. 실제 세상에서 검증될 필요가 없죠. 반면 지질학, 행동생물학, 행동심리학 같은 분야는 대부분 관찰과학이라 자연계로부터 데이터를 공들여 수집하거나, 꼼꼼하게 설계된 실험으로 검증을 해서 이해를 넓혀갑니다. 하지만 물리학은 이론과 실험이 나란히 손을 잡고 끌어주면서 서로에게 다음 발 디딜 곳을 가리켜줄 때만 진보할 수 있습니다.

'미지의 존재에 빛을 비춘다'는 표현은 물리학자들이 어떻게 이론과 모형을 구축하고 실험을 설계해 세상의 작동 방식을 검증하는지 보여주는 좋은 비유입니다. 물리학에서 새로운 개념을 찾아 나서는 연구자들은 크게 두 유형으로 나뉩니다. 달도 뜨지 않은 칠흑 같은 밤에 집으로 걸어가고 있다고 상상해보세요. 한참 걷다가 외투 주머니에 구멍이 뚫려 있음을 깨달았습니다. 집 열쇠는 오는 길에 어디선가 그 구멍 사이로 떨어져버렸습니다. 방금 걸어온 길 어딘가에 그 열쇠가 분명 있겠죠. 걸어온 길을 다시 더듬어 돌아가야 합니다. 이런 경우 여러분은 가로등 불빛이 드리운 곳을 찾아보시겠습니까? 가로등은 길의 일부만 비추고 있지만 어쨌거나 열쇠가 그곳에 있다면 눈에 들어오겠죠. 아니면, 가로등 사이 어두운 구간을 손으로 더듬어가면서 찾아보시겠습니까? 아마도 열쇠는 불빛이 들지 않는 이곳에 떨어져 있을 가능성이 더 크지만, 만약 그렇다면 찾기도 더 어려울 테죠.

물리학에는 이렇게 가로등 주변을 살피는 사람과 어둠 속을 뒤지는 사람이 존재합니다. 가로등 주변을 살피는 연구자는 안전하게 실험으로 검증할 수 있는 이론을 개발합니다. 보이는 곳에서 찾는 것이죠. 독창적인 개념을 찾아내겠다는 야망은 크지 않아도, 점진적이나마 지식을 발전시키는 데 성공할 가능성이 높죠. 급격한 혁명 대신 점진적인 진화를 택하는 것입니다. 반면 어둠 속을 뒤지는 연구자는 검증하기 어려운 대단히 독창적이고 사변적인 개념들을 만들어냅니다. 성공 가능성은 높지 않지만 제대로 짚기만 하면 아주 큰 성공을 거둘 수 있고, 그 발견으로 물리학의 패러다임 자체를 변화시킬 수도 있습니다. 이런 차이는 다른 과학 분야보다 특히 물리학에서 더욱 두드러집니다.

저는 우주론이나 끈이론같이 생소하고 난해한 분야에서 일하는 연구자나 몽상가를 보며 혀를 차는 이들의 마음을 이해합니다. 수학 방정식이 예뻐지기만 한다면 여기저기 새로운 차원을 몇 개씩 갖다 붙이기도 하고, 우리 우주의 기묘도 strangeness가 낮아진다면서 무한히 많은 평행우주가 존재한다는 가설 세우기를 대수롭지 않게 여기는 사람들이거든요. 하지만 그러다가 노다지를 캔 유명한 사례들이 있습니다. 20세기의 천재 물리학자 폴 디랙Paul Dirac은 자기가 만든 방정식의 아름다움에 빠져 그것만 가지고 반물질의 존재를 상정했는데, 몇 년 뒤인

1932년에 정말로 반물질이 발견됐죠. 머리 겔만Murray Gell-Mann 과 조지 츠바이크George Zweig도 마찬가지입니다. 이 두 사람은 1960년대 중반에 쿼크quark의 존재를 독립적으로 예측했지만, 당시에는 그런 입자의 존재를 암시하는 실험적 증거가 전혀 나와 있지 않았죠. 피터 힉스Peter Higgs는 보손이 발견되고 자기 이름을 딴 이론이 검증되기까지 반세기를 기다려야 했습니다. 양자역학의 개척자 에르빈 슈뢰딩거Erwin Schrödinger의 유명한 슈뢰딩거 방정식도 무언가에 영감을 받은 막연한 추측에서 나온 것이었습니다. 그는 그 방정식의 해가 의미하는 바를 알지 못하는 상황에서도 올바른 수학적 형태의 방정식을 만들어냈죠.

이 물리학자들이 지닌 독특한 재능은 무엇이었을까요? 직관이었을까요? 자연의 비밀을 알아챌 수 있는 육감이라도 있었던 것일까요? 그럴지도 모르겠습니다. 노벨상 수상자 스티븐 와인버그Steven Weinberg는 폴 디랙이나 19세기의 스코틀랜드 물리학자 제임스 클러크 맥스웰James Clerk Maxwell 같은 위대한 이론물리학자들을 인도한 것은 수학에 담긴 심미적 아름다움이라 믿었습니다.

하지만 이들 중 순전히 홀로 연구한 사람은 없습니다. 이들의 아이디어도 여전히 기존에 확립된 사실과 실험적 관찰에 부합해야 했으니까요.

단순성을 찾아서

물리학의 진정한 아름다움은 추상적인 방정식이나 놀라운 실험 결과뿐만 아니라 세상의 존재 방식을 지배하는 심원한 근본 원리 속에도 담겨 있습니다. 이 아름다움은 숨 막히게 멋진 노을, 레오나르도 다빈치의 그림, 모차르트의 소나타 같은 위대한 예술 작품만큼이나 경외심을 불러일으킵니다. 이것은 자연법칙의 놀라운 심오함이 아니라, 그 법칙이 어디서 왔는지 알려주는 설명의 믿기 어려운 단순성에 있죠.◆

과학의 단순성 추구를 보여주는 완벽한 사례는 과학이 물질의 기본 구성요소를 발견하기 위해 지나온 오랜 여정에서 찾아볼 수 있습니다. 주변을 둘러보세요. 콘크리트, 유리, 금속, 플라스틱, 목재, 천, 음식, 종이, 화학물질, 식물, 고양이, 사람 등 우리의 일상세계를 구성하는 엄청나게 다양한 물질들을 생각해보세요. 수백만 가지 서로 다른 물질이 존재하고, 그 각각의 물질은 자기만의 특성을 가지고 있습니다. 질척한 성질, 딱딱한 성질, 묽은 성질, 반짝이는 성질, 잘 휘는 성질, 따뜻한 성질, 차가

◆   물론 아름다움이 꼭 단순성에만 있지는 않습니다. 위대한 미술 작품이나 음악 작품에서 그렇듯이 물리학 현상에서도 엄청난 복잡성에 아름다움이 깃들기도 합니다.

운 성질 등등. 물리학이나 화학에 대해 아는 것이 없는 사람이라
면 대부분의 물질이 서로 공통점이 거의 없다고 생각할 수도 있
습니다. 하지만 우리는 세상만물이 원자로 이루어져 있고, 원자
의 종류가 유한하다는 것을 압니다.

더 깊은 단순성을 찾으려는 우리의 노력은 거기서 멈추
지 않습니다. 물질의 구조에 대한 생각은 기원전 5세기 고대 그
리스로 거슬러 올라갑니다. 당시 엠페도클레스Empedocles는 모
든 물질이 흙, 물, 공기, 불이라는 네 가지 기본 원소element로 이
루어진다고 처음으로 주장했습니다. 이런 단순한 개념과는 대
조적으로, 그와 거의 같은 시기에 살던 다른 철학자 레우키포스
Leucippus와 그의 제자 데모크리토스Democritus는 모든 물질이 보
이지 않는 작은 원자atom로 이루어진다고 했죠. 하지만 유망한
이 두 가지 개념은 서로 충돌했습니다. 데모크리토스는 물질이
궁극적으로는 기본 구성요소로 이루어진다고 믿으면서도, 그런
원자의 종류는 무한히 다양하다고 생각했습니다. 반면 세상만
물이 단지 네 가지 원소로 이루어진다고 주장한 엠페도클레스
는 이 원소들이 합쳐지거나 무한히 나뉠 수 있다고 주장했습니
다. 플라톤Plato과 아리스토텔레스Aristotle는 둘 다 엠페도클레
스의 주장을 지지하고 데모크리토스의 원자설은 부정했습니다.
그런 단순한 기계적 유물론으로는 세상의 다양한 아름다움과

형태를 만들어낼 수 없다고 믿은 것이죠.

이 그리스 철학자들이 한 일은 오늘날의 기준에 비춰보면 진정한 과학은 아니었습니다. 아리스토텔레스(관찰자)와 아르키메데스(실험자) 등 몇몇 주목할 만한 예외를 제외하고 나면, 이들의 이론은 그저 이상화된 철학적 관념에 불과한 경우가 많았죠. 그럼에도 오늘날 우리는 '원자설'과 '4원소설'이라는 이 고대의 이론이 둘 다 적어도 노선은 바르게 탔다는 것을 현대 과학의 도구를 이용해 알아냈습니다. 우리 몸을 비롯해서 태양, 달, 별 등 우주에 존재하는 모든 것이 100가지 종류도 안 되는 원자로 구성된다는 것을 밝혔으니까요. 이런 것들은 모두 밀도가 높은 작은 원자핵과 그 주변을 구름처럼 둘러싼 전자로 이루어집니다. 이 원자핵 자체는 더 작은 구성요소인 양성자proton와 중성자neutron로 이루어지고, 양성자와 중성자는 그보다 더 근본적 구성요소인 쿼크로 이루어지죠.

따라서 물질이 굉장히 복잡해 보이고 화학원소로 만들 수 있는 물질도 측정 불가능할 정도로 다양해 보인다고는 해도 사실 고대 그리스인들이 추구했던 단순성은 충분히 단순하지 못했습니다. 오늘날 물리학에 따르면, 우리가 세상에서 마주치는 모든 물질은 이들이 말한 네 가지 원소가 아니라 단 세 가지의 소립자로 이루어집니다. 업 쿼크up quark, 다운 쿼크down quark, 전자electron죠. 이게 전부입니다. 나머지는 모두 세부 사항에 불과합니다.

하지만 물리학이 할 일은 그저 세상의 구성물질을 분류하는 데서 그치지 않습니다. 물리학 본연의 임무는 우리 눈에 보이는 자연현상을 올바르게 설명하고, 그 설명을 뒷받침할 근본 원리와 메커니즘을 찾아내는 것이죠. 고대 그리스인들은 원자의 실체나 '물질'과 '형태' 사이의 추상적 상관관계 등에 대해 열정적인 토론을 벌이기는 했습니다. 하지만 달의 상변화나 가끔씩 하늘에 나타나는 혜성 같은 현상은 고사하고 지진이나 번개 같은 현상도 어떻게 설명해야 할지 알 수 없었습니다. 물론 그렇다고 그에 대한 토론을 하지 않은 것은 아니지만요.

고대 그리스 이후로 우리는 아주 먼 길을 걸어왔습니다. 그럼에도 아직 우리가 이해하고 설명할 수 없는 것들이 많이 있습니다. 제가 이 책에서 다룰 물리학은 대부분 우리가 확실하다고 생각하는 것들입니다. 이 책 전반에서 저는 그렇게 확신하는 이유를 설명하고, 아직 추측에 머무르는 영역은 무엇이며 해석의 여지가 있는 부분은 어디인지도 설명하겠습니다. 당연한 이야기지만 이런 설명들 중에는 시간이 흐르면 한물간 이야기가 되는 것도 있을 것입니다. 이 책의 출판 바로 다음 날 중요한 발견이 이루어져 세상을 새롭게 이해하게 될지도 모를 일이죠.

하지만 그것이 바로 과학의 본질입니다. 여러분이 이 책에서 읽게 될 내용은 대부분 합리적 의심을 극복하고 세상의 존재 방식으로 검증된 것들입니다.

다음 장에서는 '척도scale'라는 개념을 탐험해보겠습니다. 상상할 수 없을 정도로 작은 양자세계에서 전체 우주까지, 눈 깜짝할 시간부터 영원까지, 시간과 공간의 거대한 척도를 물리학처럼 뻔뻔할 정도로 태연하게 다루는 과학 분야는 없습니다.

물리학이 설명할 수 있는 범위를 이해하고 난 후에는 본격적인 여정을 시작하겠습니다. 제일 먼저 현대 물리학의 세 기둥인 상대성이론, 양자역학, 열역학부터 살펴보도록 하죠. 물리학이 우리에게 보여준 세상을 그림으로 그리려면 제일 먼저 캔버스를 준비해야 합니다. 그 캔버스에 해당하는 것은 시간과 공간입니다. 우주에서 발생하는 모든 것은 결국 공간상의 어느 지점, 시간상의 어느 시점에서 일어난 사건으로 귀결됩니다. 하지만 3장에서는 캔버스를 그림과 따로 분리할 수 없음을 보게 될 것입니다. 시간과 공간 자체도 실재와 통합된 본질적 구성요소입니다. 물리학자들이 가진 시간과 공간에 대한 관점이 일상의 상식적인 관점과 얼마나 다른지 알면 충격을 받을지도 모르겠습니다. 물리학의 시간과 공간 개념은 아인슈타인의 일반상대성이론을 바탕으로 합니다. 상대성이론은 시간과 공간의 본질을 기술하고, 우주의 기본 구조에 대한 우리 생각을 정의하죠. 일단 이 캔버스가 준비되고 나면 그림을 그리는 단계로 나아갈 수 있습니다. 4장에서는 물리학자들이 말하는 물질과 에너지의 의미를 정의합니다. 물질과 에너지는 우주를 구성하는 재료죠. 물질과 에너지가 무엇으로 구성되고, 어떻게 창조되었고, 어떻게 작용하는지 알아보겠습니다. 4장은 3장의 연장이라 생각해도 됩니다. 물질과 에너지가 자신들이 존재하는 시간 및 공간과 얼마나 긴밀하게 연관되는지에 대해서도 설명하니까요.

5장에서는 아주 작은 것들의 세상으로 뛰어듭니다. 세상을 확대해 들어가 물질의 기본 구성요소의 본질을 살펴보겠습니다. 현대 물리학의 두 번째 기둥인 양자역학의 세계입니다. 이곳에서는 물질이 우리의 일상 경험과는 아주 다르게 작용하기 때문에 실재에 대한 이해가 점점 모호해집니다. 하지만 양자에 대한 우리의 이해는 한낱 상상의 비약이나 지적 유희가 아닙니다. 그것을 훨씬 뛰어넘죠. 물질과 에너지의 기본 구성요소를 지배하는 규칙을 이해하지 못했다면, 우리는 현대의 기술을 구축하지 못했을 겁니다.

6장에서는 양자세계에서 빠져나와 여러 입자를 한데 섞어 더 크고 복잡한 계系, system를 만들었을 때 어떤 일이 생기는지 살펴봅니다. 물리학자들이 말하는 질서, 무질서, 복잡성,

엔트로피, 카오스는 대체 무슨 의미일까요? 여기서 우리는 물리학의 세 번째 기둥인 열역학과 만납니다. 열역학은 열, 에너지 그리고 물질의 집단적 속성을 연구하는 학문이죠. 그럼 결국 우리는 필연적으로 생명을 특별한 존재로 만드는 것이 무엇이냐는 질문과 만나게 됩니다. 살아 있는 물질은 살아 있지 않은 물질과 어떻게 다를까요? 어쨌거나 생명 역시 다른 세상만물과 마찬가지로 물리학법칙을 따라야 합니다. 그렇다면 물리학이 화학과 생물학의 차이를 이해하는 데 도움이 될 수 있을까요?

　　7장에서는 물리학의 가장 심오한 개념 중 하나인 '통일'에 대해 알아보겠습니다. 통일이란 겉으로는 별개로 보이는 자연현상들을 하나의 통일된 설명이나 이론 아래 묶어주는 보편법칙을 발견하는 것을 말합니다. 우리는 지금까지 이런 통일을 추구하고, 또 거듭해서 발견해왔죠. 7장에서는 물리학의 모든 것을 아우르는 '모든 것의 이론'이 되고자 하는 유력 후보들을 살펴볼 것입니다.

　　8장까지 오면, 물리적 우주에 대해 현재 우리가 이해하고 있는 부분은 거의 살펴보았을 겁니다. 이제부터는 마침내 거대한 미지의 세계에 발을 담글 수 있습니다. 여기서는 현재 우리가 씨름하는 미스터리들을 일부 짚어보고 그 문제 해결에 얼마나 가까워졌는지 추측해보겠습니다.

9장에서는 물리학이론과 실험의 상호작용이 어떻게 현대세계의 밑바탕이 된 기술의 발전으로 이어졌는지 이야기해보겠습니다. 예를 들어 양자역학이 없었다면, 우리는 현대 전자공학의 토대인 반도체의 작용을 이해하거나 실리콘칩을 발명할 수 없었을 겁니다. 그럼 당연히 저도 이 원고 작업을 컴퓨터로 하지 않았겠죠. 여기서는 미래를 전망하면서 현재의 양자 기술 연구가 세상에 어떤 상상 못 할 혁명을 가져올지도 예측해보겠습니다.

마지막 10장에서는 과학적 진실이라는 개념을 살펴볼 것입니다. 특히 과학을 의심하는 사람이 많은 탈진실post-truth 사회에서 이 의미를 살펴보겠습니다. 과학의 과정은 인간의 다른 활동과 어떻게 다를까요? 절대적인 과학적 진실이라는 것이 존재할까요? 만약 과학의 임무가 자연의 심오한 진리를 찾는 것이라면, 과학자들은 가설을 수립하고 검증해서 데이터와 일치하지 않으면 폐기하는 과학 산업이 가치 있는 활동이라는 것을 사회 전반에 어떻게 설득할 수 있을까요? 언젠가 과학이 알아야 할 것을 모두 다 알아내 끝을 보는 날이 올까요? 아니면, 해답을 찾기 위한 탐구가 더 깊은 진리의 심연으로 영원히 우리를 이끌까요? 서문에서 되도록 철학적 사색에 너무 깊이 빠져들지는 않겠다고 약속했는데, 벌써 그런 이야기로 빠지고 말았습니다. 그럼 크게 심호흡을 한 번 하고 척도라는 개념에서 시작해보겠습니다.

2

척도

철학, 논리학, 이론수학 등과 달리 물리학은 실증과학이자 정량적 과학quantitative science입니다.♦ 물리학은 재현 가능한 관찰, 측정, 실험으로 개념을 검증하는 방식으로 진행되죠. 물리학자들이 때로는 색다르고 기이한 수학적 이론을 제안할 수도 있지만, 그 이론의 효율성과 진정한 힘을 평가하려면 그것이 검증 가능한 실세계의 현상을 기술하는지 여부를 따져야 합니다. 스티븐 호킹이 1970년대 중반에 블랙홀이 에너지를 방출하는 현상인 호킹 복사Hawking radiation에 대해 연구하고도 노벨상을 수상하지 못한 것도 이 때문이죠. 노벨상은 실험적으로 확인된 이론이나 발견에만 돌아가거든요. 비슷한 예측을 내놓았던 피터 힉스와 그 동료들도 강입자충돌기로 힉스 보손의 존재가 확인될 때까지 반세기를 기다려야 했습니다.

♦ 한마디 더 보태자면 지난 20년 동안에 '실험철학experimental philosophy'이라는 새로운 분야가 등장했습니다.

과학 학문으로서 물리학이 관찰, 실험, 정량적 측정으로 이론을 검증하는 데 반드시 필요한 도구와 장비가 발명된 이후에야 제대로 발전할 수 있었던 이유도 그 때문입니다. 고대 그리스인들은 추상적 사고에 대단히 뛰어나서 오늘날까지도 인정받을 만큼 세련된 수준으로 철학과 기하학 같은 분야를 개척해냈지만, 아르키메데스Archimedes를 제외하면 실험 능력에서는 그다지 뛰어나지 못했습니다. 물리학의 세계는 17세기에 들어서야 어엿한 학문으로 자리 잡게 됐습니다. 모든 과학 분야를 통틀어 가장 중요한 두 가지 장비가 발명된 덕이 컸죠. 바로 망원경과 현미경입니다.

우리가 맨눈으로 볼 수 있는 세상만 이해할 수 있었다면 물리학은 그리 발전하지 못했을 겁니다. 전체 전자기스펙트럼electromagnetic spectrum에서 사람의 눈으로 볼 수 있는 파장의 범위는 아주 좁습니다. 우리 눈은 너무 작지도 않고, 너무 멀리 있지도 않은 물체만 구별할 수 있죠. 원칙적으로 우리는 충분한 수의 광자가 눈에 도달하기만 한다면(그리고 그 광자들이 우리에게 도달할 수 있는 무한한 시간도 함께 주어진다면) 무한히 먼 거리까지 볼 수 있지만, 세부적인 부분까지는 볼 수 없어서 크게 쓸모 있는 정보를 얻을 수는 없을 겁니다. 하지만 일단 현미경과 망원경이 발명되자 아주 작은 것은 확대하고, 아주 멀리 있는 것은 가까이 끌어당겨 볼 수 있게 됐죠. 이것을 계기로 세상에 대한 이해가 극적으로 넓어졌습니다. 마침내 관찰과 세밀한 측정을 통해 개념을 검증하고 다듬을 수 있게 된 것이죠.

1610년 1월 7일에 갈릴레오 갈릴레이Galileo Galilei는 자신이 개량한 망원경을 하늘로 향하게 했습니다. 그것으로 우리가 우주의 중심이라는 개념은 영원히 추방되고 말았죠.◆ 그는 목성의 위성 4개를 관찰하고 니콜라우스 코페르니쿠스Nicolaus Copernicus의 태양중심설이 옳다고 올바르게 추론했습니다. 태양이 지구 주위를 도는 것이 아니라 지구가 태양 주위를 도는 것이었죠. 갈릴레오는 목성 주변 궤도를 도는 천체를 관찰함으로써 모든 천체가 우리를 중심으로 도는 것이 아님을 보여주었습니다. 지구는 우주의 중심이 아니라 목성, 금성, 화성처럼 태양 주위를 도는 또 다른 행성에 불과했습니다. 이 발견과 함께 갈릴레오는 현대 천문학의 시대를 열어젖혔습니다.

갈릴레오가 그저 천문학 혁명만 몰고 온 것은 아니었습니다. 그는 과학적 방법론 자체에 더 확고한 토대를 마련해주었죠. 갈릴레오는 중세 아랍의 물리학자 이븐 알하이삼Ibn al-

◆　분명 과학 역사가들은 이것이 지나치게 단순화된 주장이라 반박할 겁니다. 갈릴레오가 이 관찰로 갑자기 태양중심설을 확립한 것은 아니고, 목성의 위성들같이 그저 태양중심설을 암시하는 증거를 발견했을 뿐이거든요.

Haytham의 연구를 바탕으로 물리학 자체를 수학화했습니다. 천체의 운동을 기술하고 예측까지 해주는 수학적 관계를 개발하면서, 그는 자신의 말대로 "자연이라는 책은 수학이라는 언어로 적혀 있다"◆라는 것을 의심할 바 없이 분명하게 보여주었습니다.

로버트 훅Robert Hooke과 안톤 판 레이우엔훅Antonie van Leeuwenhoek은 현미경으로 척도 면에서 갈릴레오의 천문학적 관찰과 대척점에 있는, 아주 다른 새로운 세계를 열었습니다. 1665년에 발표된 훅의 유명한 책 『Micrographia(마이크로그라피아)』에는 파리의 눈과 벼룩의 등에 난 털에서 식물의 개별 세포에 이르는 놀라운 미시세계의 그림들이 담겨 있습니다. 그 전에는 그 누구도 본 적이 없는 것들이었죠.

오늘날 인류가 탐험할 수 있는 척도의 범위는 실로 놀랍습니다. 전자현미경을 통해 직경이 수천만 분의 1mm에 불과한 개별 원자도 볼 수 있고, 거대한 망원경을 통해 465억 광년 떨어진 관측 가능한 우주observable universe의 가장 먼 가장자리까지 볼 수 있습니다.◆◆ 이렇게 광범위한 척도를 다루는 과학은 물리학 말고는 없습니다. 사실 스코틀랜드 세인트앤드루

◆　1623년 로마에서 출판된 갈릴레오의 유명한 책 『The Assayer(시금자)』에서 인용한 것입니다.

스대학교의 한 연구진이 최근에 가장 작은 길이 척도의 측정과 관련해서 대단히 인상적인 성과를 보여주었습니다. 이 연구진은 '파장계wavemeter'라는 장치를 이용해 빛의 파장을 아토미터 am, attometer✳ 단위의 정확도로 측정하는 방법을 고안했습니다. 1am는 양성자 직경의 1/1000에 해당하는 길이죠. 이들은 레이저 빛을 짧은 광섬유에 통과시키는 방식으로 이 일을 해냈습니다. 이 광섬유는 빛을 뒤섞어서 반점이 흩어져 있는 듯한 '스펙클speckle'이라는 패턴을 만듭니다. 이들은 빛의 파장을 미세하게 조정하면서 이 패턴의 변화를 추적한 것이죠.

　　물리학은 길이의 척도만이 아니라 찰나의 순간에서 영겁의 시간에 이르는 시간의 척도도 포괄합니다. 아주 놀라운 사례를 보여드리죠. 2016년에 독일에서 진행한 실험이 있습니다. 물리학자들이 상상이 불가능할 정도로 짧은 시간을 측정했죠. 이들은 '광전효과photoelectric effect'라는 현상을 연구하고 있었습니다. 광전효과란 광자가 전자를 때려서 원자에서 떼어내는

◆ ◆　　관측 가능한 우주의 가장자리에서 오는 우리가 볼 수 있는 가장 먼 빛은 130억 년 동안 우리를 향해 날아온 것입니다. 이 빛은 우주가 아주 젊었을 때의 모습을 보여주죠. 하지만 우주가 팽창하고 있기 때문에 이 빛을 방출한 물체는 현재 130억 광년보다 훨씬 멀어져 있습니다.

✳　　소립자의 길이 단위로, 1am은 100경 분의 1(10^{-18})m에 해당합니다.

현상이죠. 이 과정을 처음으로 설명한 사람은 아인슈타인입니다. 그는 1905년에 발표한 유명한 논문에서 이 현상에 대해 설명했습니다. 이 논문으로 훗날 노벨상을 수상했지요(상대성이론으로 받았을 것이라고 생각하는 사람이 많지만 그렇지 않습니다). 요즘에는 빛이 물질에서 전자를 떼어내는 이 과정을 '광전자 방출photoemission'이라 부릅니다. 태양전지가 햇빛을 전기로 바꾸는 것도 이런 식으로 이루어지죠.

　　2016년 실험에서는 두 가지 특별한 레이저를 이용했습니다. 첫 번째 레이저는 분출하는 헬륨 가스에 거의 상상 불가능할 정도로 짧은 자외선 레이저 펄스를 발사했죠. 이 펄스의 지속 시간은 1경 분의 1초, 즉 100아토초as, attosecond◆에 불과했습니다. 두 번째 레이저는 첫 번째 레이저보다 에너지가 낮고(주파수가 적외선 범위에 해당했습니다) 펄스 지속 시간이 조금 더 길었습니다. 이것의 임무는 탈출하는 전자를 포착해서 연구자들이 전자를 떼어내는 데 시간이 얼마나 걸렸는지 계산할 수 있게 하는 것이었죠. 연구자들은 이것이 훨씬 빠르다는 것을 알아냈습니다. 첫 번째 레이저 펄스 지속 시간의 1/10에 불과했죠. 이 연구

◆　　빅뱅 이후로 지금까지 흐른 모든 초보다 1초 안에 포함되는 아토초가 더 많습니다.

결과에서 흥미로운 점은 떨어져 나오는 전자가 사실 조금 꾸물 거린다는 것입니다. 헬륨 원자에는 전자가 2개 들어 있죠. 그래서 떼어지는 전자는 뒤에 남은 '짝꿍'의 영향을 받습니다. 그래서 아주 살짝이나마 전자의 방출 과정이 지연되죠. 불과 몇 아토초 동안에 일어나는 물리적 과정을 이런 식으로 구분해서 실험실에서 측정할 수 있다고 생각하면 정말 입이 딱 벌어집니다.

제 연구 분야인 핵물리학에는 이보다 훨씬 빠른 과정이 존재하지만, 실험실에서 직접 측정할 수는 없습니다. 그래서 컴퓨터 모형을 만들어서 원자핵의 서로 다른 구조와 두 원자핵이 충돌해서 반응할 때 일어나는 과정을 설명합니다. 예를 들면 핵융합의 첫 단계에서는 물방울이 합쳐지는 것처럼 무거운 원자핵 2개가 합쳐지면서 더 무거운 원자핵이 만들어집니다. 이 과정에서 양쪽 원자핵에서 나온 모든 양성자와 중성자가 급속히 재조직되면서 새로 결합된 원자핵이 탄생합니다. 이 양자 과정이 일어나는 시간은 1젭토초zs, zeptosecond도 안 됩니다. 1zs는 10^{-21}초에 해당하죠.

이번에는 시간 척도의 반대쪽 극단으로 가보겠습니다. 우주론학자와 천문학자는 우리 우주의 나이를 정확하게 알아낼 수 있었습니다. 그래서 이제 우리는 빅뱅Big Bang이 138억 2420만 년 전에(몇백만 년 차이는 있을 수 있습니다) 일어났다고 확신하고 있죠. 이 값의 정확성을 이렇게 확신하는 것이 어떤 사람에게는 오만하게 들릴 수도 있을 겁니다. 우주의 나이가 6천 년밖에 안 된다는 중세의 개념에 여전히 매달리는 사람에게는 아예 믿지 못할 이야기일 테고 말입니다. 그럼 어떻게 이런 값이 나왔는지 설명해보겠습니다.

먼저 중요한 두 가지를 가정하겠습니다. 뒤에서 더 자세히 이야기하겠지만, 당장은 두 가정 다 강력한 관찰 증거에 의해 뒷받침된다는 점만 짚고 넘어가겠습니다. 이 두 가지 가정은 다음과 같습니다. (1) 물리법칙은 우주 어디에서나 동일하다. (2) 우주는 모든 방향에서 동일하게 보인다(은하들의 밀도와 분포가 동일하다). 이 두 가지 가정이 성립한다면 지상천문대나 지구 주변 궤도를 도는 위성천문대에서 관찰한 내용을 가지고 우주 전체에 대한 사실을 자신 있게 알아낼 수 있습니다. 이런 연구로 우주의 나이를 서로 다른 몇 가지 방법으로 알아낼 수도 있었죠.

예를 들면 우리은하Milky Way*의 항성들을 연구해서 많은 것을 알아낼 수 있습니다. 우리는 항성의 크기와 밝기를 바탕으로 항성이 얼마나 오래 살 수 있는지 알 수 있습니다. 크기와 밝기를 알면 그 항성이 열핵융합thermonuclear fusion을 통해 얼마

●　　　우리 태양계가 소속되어 있는 은하를 말합니다.

나 빨리 타오르는지 판단할 수 있거든요. 그럼 가장 오래된 항성의 나이를 계산할 수 있습니다. 이것으로 우리은하의 나이가 적어도 그보다는 많음을 알 수 있고, 마찬가지로 우주의 나이 역시 우리은하의 나이보다 많음을 알 수 있죠. 가장 오래된 항성의 나이가 120억 년 정도니까 우주가 그보다 젊을 리는 없습니다.

그다음으로는 먼 은하에서 망원경으로 들어오는 빛의 밝기와 색을 측정해서 우주가 얼마나 빠른 속도로 현재 팽창하고 있는지, 또 과거에 팽창했는지 계산할 수 있습니다. 먼 곳을 바라볼수록 더 먼 과거를 탐사하게 됩니다. 우리 눈에 들어오는 빛은 우리에게 도달하기까지 수십 억 년을 날아온 것이기 때문에 머나먼 과거의 정보를 담고 있거든요. 우주가 얼마나 빠른 속도로 팽창해왔는지 알면, 시간을 뒤로 돌려 세상만물이 모두 한 장소에 뭉쳐 있던 때로 거슬러 올라갈 수 있습니다. 바로 우주가 탄생한 순간이죠.

또 이른바 '마이크로파 우주배경복사cosmic microwave background'라고 하는, 먼 우주 공간에서 나타나는 온도의 미세한 차이를 연구하기도 합니다. 이를 통해 빅뱅이 있고 불과 수십만 년 이후, 즉 항성이나 은하가 형성되기 전 우주가 어떤 모습이었는지 보여주는 스냅사진을 얻을 수 있습니다. 그럼 우주의 나이를 훨씬 정확하게 알아낼 수 있죠.

물리학 덕분에 가장 짧은 거리와 가장 먼 거리, 가장 짧은 시간과 가장 긴 시간에서 우주에 대해 알아낼 수 있다는 것도 놀랍지만, 이런 범위 전체에 적용 가능한 물리법칙을 발견했다는 것도 마찬가지로 놀랍게 느껴집니다. 그게 뭐 대수냐고 생각하는 분도 있을 겁니다. 사람의 척도에서 작동하는 자연법칙이라면 거리, 시간, 에너지의 다른 척도에서도 유효하게 작동하는 것이 당연하다고 할지도 모르죠. 하지만 이것은 그렇게 빤한 문제가 아닙니다.

이에 대해 더 깊이 탐구해보기 위해 세 가지 개념을 소개할까 합니다. 물리학과 학생이라고 늘 배우는 것은 아니지만, 사실 마땅히 배워야 할 것들입니다. 다름 아닌 보편성, 대칭성, 환원주의입니다.

보편성

최초의 보편적◆ 물리법칙을 발견한 사람은 아이작 뉴턴Isaac Newton입니다.◆◆ 뉴턴이 정말 어머니네 농장의 나무에서 떨어지는 사과를 보고 중력의 법칙을 떠올렸는지, 혹은 이 법칙을 표현하는 수학공식이 어떤 형태인지는 여기서 중요하지 않습니다. 사과를 땅바닥으로 끌어당긴 힘이 달을 지구 궤도에 묶어두는 힘과 동일한 종류이며, 간단한 수학적 관계로 두 과정을 모두 훌륭하게 기술할 수 있음을 깨달았다는 것이 중요하죠. 여기 지상에서 중력 때문에 나타나는 사물들의 운동 방식은 지구 주위를 도는 달, 태양 주위를 도는 행성, 우리은하 중심부 주변을 도는 태양의 운동 방식과 동일합니다. 지구 위에서 생명을 빚어낸 중력은 빅뱅 이후로 우주 전체의 모습을 빚어낸 중력과 같은 힘입니다. 뉴턴의 중력은 2세기 후에 아인슈타인이 발전시킨 더 정확한 중력으로 대체되었지만, 중력의 보편성에 대한 뉴턴의 통찰은 전혀 빛이 바래지 않았습니다.

뉴턴의 예측을 개선한 아인슈타인의 일반상대성이론 또한 실재를 완전히 새롭게 기술해주었습니다(이 부분은 다음 장에서 더 자세히 살펴보겠습니다). 실제로 아인슈타인의 이론은 상당히 놀라운 보편성universality을 입증해 보여주었는데, 여기서

◆　　　　여기서 저는 '보편적'이라는 단어를 통계역학statistical mechanics 분야의 물리학자들이 사용하는 것보다 훨씬 일반적인 의미로 사용하고 있습니다. 통계역학에서 '보편성'이라는 용어는 1960년대에 미국의 물리학자 리오 카다노프Leo Kadanoff가 도입했습니다. 이것은 물리계 중에는 구체적인 구조나 역학에 의존하지 않고 몇 가지 광역 매개변수global parameter로부터 그 속성을 연역할 수 있는 계가 있다는 관찰을 바탕으로 나온 용어입니다.

◆◆　　　사실 중력에 대한 연구는 뉴턴보다 로버트 훅이 더 앞섰습니다.

는 제 말의 의미를 강조하기 위해 그중 한 가지 측면을 살펴보겠습니다. 아인슈타인이 1915년에 세상에 내놓은 아름다운 수학적 구성물은 아직까지도 여전히 시간과 공간의 본성에 관한 최고의 이론으로 남아 있고, 또 놀라울 정도로 정확합니다. 이것은 또한 중력장gravitational field이 시간의 흐름을 늦출 것이라는 올바른 예측도 내놓았죠. 즉 중력장이 강할수록 시간이 느리게 흐른다는 것입니다. 이것 때문에 지구의 핵, 다시 말해 지구의 중력 우물gravitational well 깊숙한 곳에서는 지구 표면보다 시간이 살짝 더 느리게 흐르는 이상한 현상이 생겨납니다. 우리 지구가 존재한 후로 45억 년의 세월 동안 이런 시간 차이가 축적되어왔기 때문에 사실 지구의 핵은 지각보다 2년 반 정도 더 젊습니다. 달리 표현하면, 지구의 역사가 60년 지날 때마다 지구의 핵은 지각보다 나이를 1초씩 덜 먹었습니다. 이 수치는 일반상대성이론에서 나온 공식을 이용해 계산한 것입니다. 이것을 실험적으로 확인할 방법은 딱히 떠오르지는 않지만, 이 공식에 대한 믿음이 워낙 두텁기 때문에 물리학자 중에 그 진실성을 의심하는 사람은 없습니다.

위에 소개한 예측을 모순이라 여기는 사람도 있을 것입니다. 지구에 구멍을 뚫고 들어가 그 중심부에 도달하면 더 이상 중력의 영향을 느낄 수 없죠. 그곳에서는 지구가 모든 방향에서 동일한 힘으로 끌어당겨서 자신의 무게를 느낄 수 없기 때문입니다. 하지만 중력이 시간에 미치는 영향은 지구의 중심에 존재하는 중력 때문이 아니라(그곳에서는 중력이 0이죠) 그곳의 중력퍼텐셜 때문에 생깁니다. '중력퍼텐셜gravitational potential'이란 그 장소로부터 한 물체를 지구의 중력에서 완전히 벗어난 곳으로 끌어내는 데 필요한 에너지의 양을 말합니다. 물리학자라면 지구의 핵은 지구의 퍼텐셜 우물potential well에서 가장 깊은 곳이고, 그곳에서 시간이 제일 느리게 흐른다고 말할 겁니다.

심지어 불과 1~2m의 높이 차이로 시간이 흐르는 속도가 달라지는 것도 측정할 수 있습니다. 2층에 있는 시계는 1층에 있는 시계보다 지구의 중심에서 더 떨어져 있고 중력퍼텐셜이 조금 더 약합니다. 따라서 시간이 살짝 빨리 가겠죠. 하지만 그 영향은 지극히 미미합니다. 두 시계는 1억 년이 흐르면 1초 정도 시간이 어긋날 것입니다.

이 이야기를 듣고 "에이, 설마" 하는 사람이 있다면 제가 장담하는데, 중력이 시간에 미치는 정량적 효과는 정말 피부로 실감할 수 있는 부분입니다. 만약 현대 무선통신에서 이 부분을 고려하지 않는다면 스마트폰은 여러분의 위치를 지금처럼 정확히 짚어내지 못할 겁니다. 여러분의 지구상 위치는 여러분의 스마트폰이 지구 궤도를 도는 몇몇 GPS 위성과 주고받는 신호를 이용해 파악합니다. 이 전자기파가 여러분과 위성 사이의 거리를 주파하는 데 걸리는 시간을 1/100마이크로초µs, microsecond 오차범위 안으로 알아내는 겁니다. 그래야 여러분의 위치를 몇 미터 오차범위 안으로 짚어낼 수 있습니다. 사실 위성에 탑재하는 원자시계는 대단히 정교한데도 중력의 효과로 매일 10만 분의 4초씩 빨라집니다. 따라서 그보다 느린 지상의 시계와 맞추려면 일부러 시간을 늦춰주어야 합니다. 그렇지 않으면 위성시계의 시간이 빨라지면서 여러분의 GPS 위치가 매일 10km 넘게 어긋나게 되어 위치 정보가 아무 짝에도 쓸모없어집니다.

놀라운 것이 또 있습니다. 중력이 시계의 속도를 조금씩 변하게 만든다는 것을 예측한 일반상대성이론의 방정식이, 상상 가능한 가장 긴 시간의 척도에 대해서도 말해준다는 것입니다. 이것으로 빅뱅으로 거슬러 올라가는 수십억 년에 걸친 우주의 역사를 지도로 만들 수 있고, 심지어 우주의 미래도 예측할 수 있습니다. 아인슈타인의 상대성이론은 가장 짧은 시간 간격과 가장 긴 시간 간격에 모두 똑같이 잘 들어맞습니다.

하지만 이런 보편성도 딱 거기까지입니다. 가장 작은 길이와 시간의 척도에서는 일상세계의 물리학(뉴턴의 것이든, 아인슈타인의 것이든)이 붕괴되기 때문에 그것을 양자역학의 예측으로 대체해야 하죠. 사실 뒤에 이어지는 장에서도 설명하겠지만 양자론에 따른 시간의 정의는 일반상대성이론에서 내리는 정의와 너무도 다릅니다. 이것은 상대성이론과 양자역학을 결합해서 양자중력quantum gravity의 통일이론을 만들려는 물리학자들이 직면한 수많은 도전 과제 중 하나입니다.

대칭성

———

자연법칙의 보편성은 흥미로운 수학적 기원을 갖고 있으며 과학에서 가장 강력한 개념 중 하나와 연관되어 있습니다. 바로 대칭성이죠. 아주 기초적인 수준에서 기하학 도형의 대칭성이 무엇을 의미하는지는 모두 잘 알고 있을 것입니다. 정사각형은 대칭입니다. 중심을 지나는 수직선, 수평선, 대각선을 그어 양쪽을 바꿔치기 해도 모양이 변하지 않습니다. 또한 90°의 배수로 회전하는 경우에도 모양이 변하지 않죠. 원은 더 대칭적입니다. 어느 각도로 회전해도 모양이 변하지 않으니까요.

물리학에서 대칭성은 돌리거나 뒤집었을 때 모양이 바뀌지 않는다는 사실을 넘어 실재에 대해 훨씬 심오한 것을 말해줍니다. 물리학자가 어느 물리계를 두고 대칭성이 있다고 말하면, 그 계의 어떤 속성이 다른 무언가가 변화할 때도 동일하게 유지된다는 뜻입니다. 이것은 대단히 막강한 개념으로 드러났습니다. '광역 대칭성global symmetry'은 어떤 변화나 변환이 모든 곳에서 동일하게 적용되기만 하면 물리법칙들이 동일하게 유지되는 경우를 말합니다. 물리학이 세상의 특성을 기술하는 방식에 변화가 없다는 의미죠. 1915년에 에미 뇌터Emmy Noether는 자연에서 이런 광역 대칭성을 볼 수 있는 곳이면 어디서든 그와 관련된 보존법칙(물리량이 동일하게 유지되는 법칙)을 반드시 찾을 수 있음을 발견했습니다. 예를 들어 여러분이 한 장소에서 다른 장소로 움직일 때 물리법칙이 변하지 않는다는 사실로부터 운동량 보존법칙law of conservation of momentum이 나오고, 시간의 변화에 따라 물리법칙이 변하지 않는다는 사실로부터 에너지 보존법칙law of conservation of energy이 나옵니다.

이것은 이론물리학에서 대단히 유용하고 철학적으로도 심오한 의미를 가진 것으로 입증됐습니다. 물리학자들은 언제나 자신의 수학공식 속에 숨어 있는, 빤하지 않은 더 심오한 대칭성을 찾으려 합니다. 뇌터의 정리Noether's theorem는 우리가 세상을 기술할 방법을 확보하기 위해 수학을 '발명'하는 것이 아님을 보여줍니다. 또한 갈릴레오의 말처럼 자연은 수학의 언어로 이야기하며, 그 언어는 언제라도 발견되기 위해 '거기'에 존재한다는 것을 보여주죠.

　　새로운 대칭성을 찾아 나선 것이 자연의 힘을 통일하려는 물리학자들에게도 도움을 주었습니다. 설명하기는 쉽지 않지만 그런 수학적 대칭성 중 하나가 '초대칭성supersymmetry'입니다. 이것이 자연의 진정한 속성인지 아직은 알 수 없지만, 만약 그렇다면 여러 가지 미스터리를 해결하는 데 도움이 될 수 있습니다. 이를테면 암흑물질이 무엇으로 이루어졌는지, 끈이론이 양자중력에 관한 올바른 이론인지 등을 알아보는 데 말이죠. 여기서 문제는 이 대칭성이 아직 발견되지 않은 몇 가지 아원자 입자의 존재를 예측하고 있다는 것입니다. 그 존재가 실험적으로 입증이 될 때까지 초대칭성은 그저 깔끔하기만 한 수학적 개념으로 남을 수밖에 없습니다.

　　물리학자들은 이런 대칭성에 따른 규칙과 법칙에 대한 예외를 찾으려 노력하는 과정에서 많은 것을 배웠고, 그중에는 그런 노력을 인정받아 노벨상을 수상한 사람들도 있습니다. 이런 예외를 '대칭성 파괴symmetry breaking'라고 합니다. 식당이나 행사 자리에서 원형의 식탁에 앉았다가, 자기 접시가 왼쪽 것인지 오른쪽 것인지 까먹어본 적이 있습니까? 그 식탁에 앉은 누군가가 처음으로 무언가에 손을 대기 전까지는 깔끔하게 배열되어 있는 여러 접시, 유리잔, 식기는 대칭적입니다. 이때는 에티켓을 따질 필요가 없다면 어느 쪽 접시의 음식을 먹어도 문제가 되지 않죠. 하지만 누군가가 에티켓에 맞게 왼쪽 접시를 선택하는 순간 완벽한 대칭성이 깨지면서 다른 사람들도 모두 그것을 따라 하게 됩니다.

대칭성 파괴는 물리학자들이 물질의 기본 구성요소, 즉 소립자elementary particle와 그 사이에서 작용하는 힘을 이해하는데 도움을 주었습니다. 제일 유명한 사례는 원자핵 내부에서 작용하는 두 힘 중 하나인 약한핵력입니다. 1950년대까지 물리법칙은 우리 우주를 거울처럼 반사하는 우주에서도 완전히 동일할 것으로 생각했습니다. 왼쪽과 오른쪽을 맞바꾸는 이런 개념을 '패리티 보존parity conservation'이라 하는데, 자연의 다른 세 가지 힘, 즉 중력, 전자기력, 강한핵력은 이것을 따릅니다.* 하지만 양성자와 중성자가 서로 변환하는 현상을 책임지는 약한핵력은 이 거울 대칭을 파괴한다는 것이 밝혀졌습니다. 왼쪽과 오른쪽을 뒤바꾸었을 때 동일한 물리학이 적용되지 않는다는 것이죠. 반사 대칭성reflection symmetry에 대한 이런 위반은 현재 입자물리학의 표준모형을 구성하는 중요한 요소입니다.

---

* 흔히 강한핵력, 약한핵력, 중력, 전자기력을 '자연[물리학]의 네 가지 힘'이라고 부릅니다.

환원주의

'세상의 복잡한 속성을 이해하기 위해서는 기계식 시계를 분해해서 기어들이 어떻게 서로 맞물려 작동하는지 확인하듯이 세상을 기본요소로 분해해 보아야 한다.' 현대 과학의 상당 부분은 이런 개념을 바탕으로 구축되었습니다. 전체는 부분의 합에 불과하다는 이런 관점을 '환원주의reductionism'라 하고, 오늘날까지도 과학의 여러 학문 분야에서 핵심적인 접근 방식으로 남아 있죠. 이 개념은 고대 그리스의 철학자 데모크리토스와 그의 원자설 개념으로 거슬러 올라갑니다. 데모크리토스는 원자설로 물질은 무한히 나눌 수 없으며, 기본적인 구성요소로 이루어진다고 주장했죠. 플라톤, 아리스토텔레스 등 그 후에 등장한 철학자들은 원자설에 반대하며, 거기에 무언가 빠져 있다고 믿었습니다. 그리고 그 빠진 것은 '존재의 형태'이며 물질 자체에 이것이 반드시 덧붙여져야 한다고 생각했습니다. 예를 들어 조각상의 의미와 본질은 형태에 있지 그 재료인 돌덩어리에 있지 않습니다. 이런 모호한 형이상학적 개념이 현대 물리학에 해당하지는 않지만, 이런 식으로 생각하면 환원주의를 반박할 논거를 더 명확하게 구축하는 데 도움이 되죠.

예를 하나 더 들어보겠습니다. 우리는 물 분자를 보며

산소 원자와 수소 원자 사이에 형성되는 결합의 기하학이나, 이 결합을 지배하는 양자규칙, 물 분자가 서로 달라붙거나 배열되는 방식 등 H_2O 분자의 속성을 얼마든지 연구할 수 있습니다. 하지만 분자 수준에서 물의 구성요소들을 아무리 관찰한들, 그로부터 '축축함'이라는 속성을 연역할 수는 없습니다. 이런 창발성emergent property*은 수조 개의 물 분자가 큰 집단으로 한데 모였을 때만 드러납니다.

물질의 집단적 속성을 설명하기 위해 추가적인 물리학이 필요하다는 점에서, 이런 예시들이 전체가 부분의 합보다 크다는 것을 암시할까요? 꼭 그렇지는 않습니다. 창발성의 개념에 따르면 열, 압력, 물의 축축함 같은 물리적 속성에 대응하는 속성을 원자물리학 수준에서 찾을 수는 없지만, 이것이 곧 한 계 안에 부분의 합보다 더 큰 무언가가 존재한다는 의미는 아닙니다. 이런 창발성도 여전히 기본 개념을 바탕으로만 구축되기 때문입니다. 예를 들면 물의 경우에는 아원자입자들 사이의 전자기력을 바탕으로 그런 속성이 생겨납니다.

19세기의 물리학자들이 단순한 뉴턴역학법칙으로는

---

* 하위 체계로부터 생겨나지만 그 하위 체계의 속성으로는 설명할 수 없는 특성을 뜻합니다.

설명할 수 없는 복잡한 계의 속성을 이해하려 시도할 때도 환원주의의 모험은 이어졌습니다. 19세기 말에 제임스 클러크 맥스웰과 루트비히 볼츠만Ludwig Boltzmann은 물리학의 새로운 하위 분야 두 가지를 개발했습니다. 열역학과 통계역학이죠. 이 두 분야를 통해 물리학자들은 여러 부분으로 이루어진 대규모 계를 하나의 집단으로 관찰해서 그에 대해 많은 것을 알 수 있게 됐습니다(이들 분야에 대해서는 6장에서 심도 있게 알아보겠습니다). 따라서 개별 분자들의 진동과 충돌만을 관찰해서는 온도나 압력 등을 측정할 수 없는 것이 사실이지만, 그래도 우리는 온도와 압력이 개별 분자들의 집단적 행동에 의해 생긴다는 것은 알고 있습니다. 그게 아닌 다른 것에 의해 생길 수는 없죠.

이렇게 분자세계에서 거시세계로 올라올 때 마법처럼 등장하는 추가적인 물리적 과정 따위가 존재하지 않는다는 점에서 단순화된 환원주의적 사고가 틀리지는 않지만, 복잡계의 속성을 기술할 때는 별 도움이 되지 못합니다. 한 계에서 그 구성요소들의 집단적 행동으로부터 계의 속성이 어떻게 창발적으로 등장할 수 있는지 이해하는 데 필요한 것은 물리학을 새로 만드는 일이 아니라 덧붙이는 일입니다. 노벨상 수상자 필립 앤더슨Philip Anderson은 「많으면 달라진다More is different」라는 유명한 논문의 제목에 이런 관점을 잘 요약해놓았죠.◆

하지만 구성요소들이 한데 모여 대규모의 물질을 만들 때 물리학을 더 보태야 한다는 사실을 아는 것과 그 보태야 할 물리학이 무엇인지 아는 것은 다른 문제죠. 물리적 우주를 통합적으로 설명하려 할 때 이런 문제가 분명하게 드러납니다. 예를 들어 우리는 아직도 입자물리학의 표준모형으로부터 열역학의 법칙을 유도하지 못하고 있습니다. 사실 그 반대도 마찬가지입니다. 물리학의 이 두 기둥 중 어느 것이 더 근본적인 법칙인지가 확실치 않거든요. 생물과 무생물을 구분하는 것과 같은 더 복잡한 구조들은 더더욱 이해하지 못하고 있습니다. 여러분이나 저나 결국에는 분명 원자로 이루어져 있지만 살아 있다는 것은

◆ 1972년에 발표한 이 논문에서 앤더슨은 극단적인 환원주의에 반대하는 주장을 펼쳤습니다(《사이언스Science》, Vol.177, No.4047(1972), pp.393-396). 그는 가장 기본적인 과학인 물리학에서 화학, 생물학, 심리학, 사회과학에 이르기까지 선형적인 순서로 이어지는 과학 학문의 계층을 예로 들었습니다. 그는 이런 계층이 존재한다고 해서 한 과학 분야가 그 밑 단계 분야의 응용 버전에 불과하다는 의미는 아니라고 주장했습니다. 그는 그 이유를 이렇게 말했습니다. "계가 올라갈 때마다 완전히 새로운 법칙, 개념, 일반화가 필요해서 그에 앞선 단계 못지않은 영감과 창의성이 요구되기 때문이다. 심리학은 응용생물학이 아니며, 생물학 역시 응용화학이 아니다." 저는 환원주의에 반대하는 논거로는 이것이 좀 약하지 않나 생각합니다. 한 개념이 근본적인 것인지 여부는 그것이 얼마나 심오한지, 혹은 그것을 이해하는 데 얼마나 많은 영감과 창의성이 요구되는지에 좌우되는 것이 아니기 때문입니다.

단순히 복잡성의 문제만은 아니죠. 살아 있는 생명체라도 방금 전에 죽은 그와 비슷한 생명체보다 원자의 구조 면에서 더 복잡할 것이 없으니까요.

하지만 어쩌면 모든 자연현상을 뒷받침하는 하나의 통합된 물리이론을 갖게 될 날을 꿈꾸어볼 수 있을지도 모르겠습니다. 어쨌거나 그날이 오기 전까지는 환원주의적 사고로 갈 수 있는 데가 여기까지밖에 안 되니, 우리가 기술하고자 하는 것이 무엇이냐에 따라 서로 다른 이론과 모형을 사용해야겠지요.

보편성의 한계

우리는 보편적인 물리법칙을 찾으려 합니다. 하지만 환원주의의 한계를 보면, 세상이 가끔은 척도에 따라 아주 다르게 움직일 수 있기 때문에 거기에 맞는 적절한 모형이나 이론으로 세상을 기술하고 설명해야 한다는 것을 알 수 있습니다. 예를 들어 행성, 항성, 은하의 척도에서는 중력이 모든 것을 지배합니다. 중력이 우주의 구조를 통제하죠. 하지만 다른 세 가지 힘(전자기력, 강한핵력, 약한핵력)이 지배하는 원자의 척도로 내려오면, 중력은 우리가 감지할 수 있는 그 어떤 역할도 하지 않습니다.

아마도 물리학 전체를 통틀어 최대 미해결 문제는 우리의 일상, 즉 물질, 에너지, 공간, 시간을 다루는 소위 '고전적' 세계를 기술하는 물리법칙이 개별 원자의 세계로 내려오면 작동하지 않는다는 사실일 것입니다(이 문제는 5장에서 다시 다루겠습니다). 원자의 세계에서는 양자역학의 아주 다른 규칙들이 활약하죠.

양자 수준에서도 자신이 연구하고 싶은 계와 제일 잘 맞는 모형을 선택해야 하는 경우가 많습니다. 예를 들어 원자핵이 양성자와 중성자로 이루어진다는 것은 1930년대 초부터 알려졌지만, 1960년대에는 이 입자들이 가장 기본적인 소립자가 아니라는 사실이 밝혀졌죠. 사실은 그보다 더 작고 근본적인 구성요소, 즉 쿼크로 이루어진다는 것이 발견되었거든요. 그렇다고 핵물리학자들이 쿼크 모형을 이용해서 원자핵의 성질을 기술해야만 했다는 의미는 아닙니다. 단순하게 환원주의적으로 생각하면 쿼크 모형을 이용해야 더 심오하고 정확하게 원자핵을 기술할 수 있을 것 같습니다. 하지만 사실 이것은 별 도움이 되지 않습니다. 원자핵의 속성을 보면, 양성자와 중성자는 마치 자신의 내부에 구조가 없는 존재처럼 활동합니다. 3개의 쿼크로 구성된 계가 아닌 것처럼 행동하죠. 그래서 원자핵의 속성과 작용은 궁극적으로는 그보다 더 깊은 구조에서 비롯되겠지만, 원자핵의 모양이나 안정성 같은 속성을 알아볼 때 그런 구조가 분명하게 드러나거나 반드시 필요한 것은 아닙니다. 사실 핵물리학 안에서도 몇 가지 서로 다른 수학 모형을 채용하고 있습니다. 각각의 모형은 특정 유형의 원자핵에 제일 잘 적용되죠. 핵 구조에 관한 보편적 이론은 없습니다.

크기, 지속 기간, 에너지의 척도가 달라지면 세상도 다르게 움직인다는 말은 바로 이런 의미입니다. 물리학이 경이로운 것은 여러 물리학이론이 보편성을 가진다는 점, 더 깊이 파고들어 한 계의 부분들과 전체가 연관되는 법을 이해함으로써 그 계에 대해 더 많은 것을 이해할 수 있다는 점 때문이죠. 하지만 물리학에서는 관심을 둔 척도에 따라 가장 적절한 이론을 선택해야 하는 것도 사실입니다. 식기세척기를 수리할 때 복잡한 입자물리학의 표준모형을 이해할 필요는 없습니다. 식기세척기가 세상 모든 것처럼 궁극에는 쿼크와 전자로 이루어져 있다 해도 말입니다. 실재의 양자적 본성에 관한 가장 근본적인 이론들을 일상에 그대로 적용하는 일은 별로 소용이 없습니다.

지금까지 물리법칙을 뒷받침하는 수학적 대칭성의 힘, 이 법칙을 적용할 수 있는 방대한 척도, 환원주의와 보편성의 한계 등 물리학의 잠재력과 한계를 모두 알아보았습니다. 이제 다음 차례로 넘어갈 준비가 됐군요. 다음 장은 물리학의 세 가지 기둥 중 첫 번째인 아인슈타인의 상대성이론으로 시작하겠습니다.

3

공간과
시간

물리학에는 매력적인 분야가 정말 많지만 이 짧은 책에서 그 모두를 다룰 수는 없습니다. 그래서 저는 물리적 우주에 대해 현재 이해하고 있는 부분을 세 가지 큰 기둥으로 추려보았습니다. 실재에 대한 이 세 그림은 서로 다른 방향에서 왔습니다. 3장과 4장에서 소개할 그 첫 번째 기둥은 20세기 초 알베르트 아인슈타인Albert Einstein의 연구를 바탕으로 합니다. 이 기둥은 아주 거대한 척도에서 물질과 에너지가 중력의 영향 아래 시간과 공간에서 어떻게 작용하는지에 관해 다룹니다. 아인슈타인의 유명한 일반상대성이론이 이런 부분을 아우르고 있죠.

아인슈타인이 보여준 세상을 그림으로 그리려면 반드시 그 밑바탕이 될 캔버스 자체에서 시작해야 합니다. 시간과 공간이 바로 이 모든 사건들이 일어나는 밑바탕 기질基質이죠. 하지만 그런 개념은 애매합니다. 상식적으로 생각하면 시간과 공간은 처음부터 자리를 잡고 있어야 합니다. 공간은 사건이 일어나고 물리법칙이 작동하는 장소이고, 거침없는 시간의 흐름은 그냥 원래부터 존재하는 것이니까요. 하지만 시간과 공간에 대한 이런 상식이 과연 옳을까요? 물리학자가 반드시 배워야 할 중요한 교훈이 하나 있죠. 상식을 무조건 믿지는 말라는 것입니다. 상식적으로 생각하면 지구는 편평해 보입니다. 하지만 심지어 고대 그리스인들도 지구는 워낙 거대해서 곡면으로 휘어져 있어도 쉽게 알아차리지 못할 수 있으며, 지구가 둥글다는 것을 실험으로 간단히 입증할 수 있다는 사실을 이해하고 있었죠. 그와 비슷하게 일상의 경험으로 보면 빛은 파동의 속성을 갖고 있어서 개별 입자의 흐름으로 이루어져 있는 것처럼 운동할 수 없다고 생각됩니다. 빛이 파동이 아니라면 어떻게 간섭무늬를 설명할 수 있겠어요? 하지만 빛의 속성에 관한 한 우리가 감각에 속을 수 있다는 것이 세심한 실험으로 의심의 여지 없이 증명되었습니다. 양자세계에서 정말로 무슨 일이 일어나는지 제대로 이해하려면 단순한 직관에 바탕을 둔 여러 가지 일상적 개념을 버려야만 합니다.

감각을 무작정 믿지 않도록 배우는 것은 물리학자들이 철학자들에게서 물려받은 소중한 기술입니다. 1641년으로 거슬러 올라가면 르네 데카르트René Descartes가 자신의 책 『성찰 Meditationes de Prima Philosophia』에서 물질세계에 관한 절대적 진리를 알려면 먼저 모든 것을 의심해보아야 하고, 그 과정에서 자신의 감각이 말하는 것을 무시해야 할 때도 많다고 주장했습니다. 그렇다고 우리가 보고 듣는 모든 것을 믿을 수 없다는 뜻은 아니죠. 하지만 데카르트는 물질적인 것을 진리라 판단하기 위해서는 편견에서 완전히 자유로운 정신, 감각적인 문제와 쉽게 거리를 둘 수 있는 정신이 필요하다고 했습니다. ◆

사실 데카르트가 이런 생각을 하기 한참 전에도 아랍 학자 이븐 알하이삼은 17세기 초에 '의심'을 뜻하는 '알슈쿡al-Shukuk'이라는 철학 운동을 시작했습니다. 그는 특히 고대 그리스인들의 천체역학을 지적하면서 과거의 지식에 의문을 제기해야 하며, 증거 없이 하는 말을 그대로 받아들여서는 안 된다고 적었습니다. 물리학이 항상 실험으로 가설과 이론을 검증하는 과학적 방법론에 의지하는 실증과학이었던 이유도 이 때문이죠.

그럼에도 물리학의 가장 중요한 돌파구 중에는 실제 실험이나 관찰을 통해 이끌어낸 것이 아니라, 사고실험thought experiment을 통해 논리적으로 이끌어낸 결론들이 있습니다. 물리학자가 가설을 세우고 나서 그 결론을 검증할 수 있는 상상 속 실험을 고안한 것이죠. 이런 실험은 실제로 진행 가능한 경우도

◆　　『The Philosophical Works of Descartes(데카르트의 철학적 저작들)』, 엘리자베스 S. 홀데인Elizabeth S. Haldane 번역(1911, Cambridge University Press), p.135.

있고 그렇지 않은 경우도 있지만, 논리와 추론의 힘만을 이용해서 세상에 대해 배울 수 있는 소중한 도구가 되어주죠. 제일 유명한 사고실험 중에는 아인슈타인의 것도 있습니다. 이 사고실험은 그가 상대성이론을 발전시키는 데 도움을 주었죠. 물론 그의 이론이 완전히 발전한 다음에는 실제 실험을 통한 검증도 가능해졌습니다.

　　시간과 공간의 진정한 의미를 이해하는 데 어려움이 있는 것은 당연한 일입니다. 우리 자신도 그 속에 갇혀 있기 때문에 그 제약에서 정신을 해방시켜 외부자의 시선으로 실체를 바라보기가 어렵죠. 하지만 놀랍게도 이것이 아예 불가능한 일은 아닙니다. 이번 장에서는 시간과 공간의 본질에 대해 우리가 어디까지 이해하게 되었는지 대략적으로 살펴보겠습니다. 이것은 우리가 아인슈타인과 그의 아름다운 두 상대성이론에 진 빚을 기념하는 일이 될 것입니다.

물리학자는 시간과 공간을 어떻게 정의하는가?

　　뉴턴물리학의 중요한 특징은 시간과 공간을 그 안에 존재하는 물질 및 에너지와 독립적인 실체로 보는 것입니다. 하지만 전 세계 철학자들은 뉴턴이 등장하기 오래전부터 이 개념에 대해 고민했습니다. 예를 들면 아리스토텔레스는 텅 빈 공간은 그 자체로는 존재하지 않는다고 믿었습니다. 물질 없이는 공간이 존재할 수 없다고 말이죠. 한참 후에 데카르트는 공간이란 두 물체 사이의 거리, 혹은 '연장延長'에 불과하다고 주장했습니다. 이 두 위대한 사상가에 따르면, 텅 빈 상자의 내부 공간이 존재할 수 있는 이유는 상자가 그것을 가두고 있기 때문입니다. 상자의 벽을 없애버리면 그 상자 안에 존재하던 부피는 더 이상 아무런 의미도 없다는 것이죠.

이런 주장을 조금 더 탐구해봅시다. 그 상자가 그보다 더 큰 상자의 텅 빈 공간 속에 자리 잡고 있다면 어떨까요? 벽을 없애버린 후에도 그 상자의 안쪽 공간은 더 큰 상자의 안쪽 공간 일부를 이루니 계속 존재하는 걸까요? 따라서 그 공간은 내내 진짜 실체가 있었고, 여전히 실체가 있는 것일까요? 이번에는 텅 빈 작은 상자가(여기서 텅 비었다는 말은 정말 아무것도 없는 진공이라는 의미입니다) 더 큰 상자 속 진공 안에서 움직이고 있다고 상상해봅시다. 작은 상자가 이동할 때 그 속의 텅 빈 공간은 똑같은 텅 빈 공간일까요, 아니면 큰 상자 속 서로 다른 텅 빈 공간들을 새로 담고 있는 것일까요? 밀봉된 작은 상자 속 '텅 빈 공간'을 물로 대체하면 대답하기 쉬워집니다. 이 상자가 더 큰 부피의 물 안에서 움직이고 있다면, 동일한 물 분자들을 담은 채로 바깥쪽 물을 헤치며 움직이고 있다고 생각할 수 있습니다. 하지만 물이 없다면 어떨까요? 그리고 두 상자의 물리적인 벽을 모두 없애버리고, 이 가상의 우주에서 나머지 모든 것도 다 제거해서 무無만 남게 된다면요? 이 무만 존재해도 무언가 존재하는 것이라 말할 수 있을까요? 이 텅 빈 공간은 물질로 채워지거나, 상자의 경계 안에 담기려고 존재하는 것일까요? 어쩌면 제가 똑같은 질문을 방식만 바꿔서 하는지도 모르겠습니다. 하지만 이것은 정말 중요한 질문입니다.

뉴턴은 공간이 존재해야만 물질과 에너지가 그 안에 담기고, 그 안에서 사건들이 일어날 수 있다고 믿었습니다. 하지만 그는 공간이 그 안에 담긴 물질과 에너지의 작용을 지배하는 물리법칙과는 독립적인 텅 빈 무로 존재한다고 주장했습니다. 뉴턴에게 공간은 실재라는 그림이 그려지는 캔버스였습니다. 사건을 고정할 공간이(그리고 시간도) 없다면 어떻게 좌표를 할당해서 사건의 위치를 정할 수 있겠습니까? 사건들은 분명 공간속 '어느 지점'에서 시간 속 '어느 순간'에 일어나야 합니다. 절대적인 시간과 공간이 갖추어지지 않는다면 실재가 어디에 닻을 내릴 수 있겠습니까?

과연 뉴턴이 옳았을까요? 우리가 지금 내놓을 수 있는

대답은 '예'와 '아니요' 모두입니다. 공간이 실재한다고 한 부분에서는 그가 옳았습니다. 공간은 데카르트의 주장처럼 사물과 사물 사이의 간격에 불과한 것이 아닙니다. 하지만 공간이 그 안에 담긴 것들과는 독립적인 절대적 존재라는 주장은 틀렸습니다.

　　이 두 진술은 서로 모순된 듯 보입니다. 하지만 아인슈타인의 상대성이론에 대해 알고 나면 그렇지 않을 겁니다. 아인슈타인은 절대적인 공간과 시간이 별개의 실체로 존재하는 것이 아님을 증명해 보였습니다. 하지만 이런 개념이 왜 필요한지 이해하려면, 그의 두 상대성이론 중 첫 번째 이론을 살펴보아야 합니다.

아인슈타인의 특수상대성이론

　　뉴턴이 운동법칙에 대한 연구를 마무리하기 전까지만 해도, 시간의 본질에 관한 토론은 과학이 아니라 철학과 형이상학의 영역이라 여겨졌습니다. 뉴턴은 물체가 힘의 영향 아래 어떻게 움직이고 작용하는지 기술했습니다. 모든 운동이나 변화가 의미를 가지려면 시간이 필요했기 때문에 세계에 대한 그의 수학적 설명에서는 시간이 근본요소로 포함되어야 했습니다. 하지만 뉴턴의 시간은 절대적이고 가차 없는 시간입니다. 그 시간은 일정한 속도로 흐릅니다. 마치 공간에서 일어나는 사건 및 과정과는 독립적으로 몇 초, 몇 시간, 며칠, 몇 년씩 똑딱거리며 가는 가상의 우주 시계가 존재하는 것처럼 말입니다. 하지만 1905년에 아인슈타인이 시간이 공간과 깊은 수준에서 서로 연결되어 있음을 밝히면서 뉴턴의 세계는 무너져 내리게 됩니다.

아인슈타인은 시간이 절대적이지 않다는 결론을 내렸습니다. 시간이 모든 사람에게 동일한 속도로 흐르지 않는다는 것이죠. 제가 동시에 일어난 두 사건을 봤다고 합시다. 예를 들어 제 양쪽에 있는 광원에서 2개의 불빛이 동시에 번쩍이는 것을 봤다고 해보죠. 그런데 바로 그 순간에 제 앞을 지나쳐 움직이는 다른 누군가에게는 이 두 사건이 동시에 일어나는 것이 아니라, 한 사건이 다른 사건보다 아주 조금 후에 일어나는 것으로 보일 것입니다. 각자에게 흐르는 시간의 속도가 서로의 상대적 운동 상태에 따라 달라지기 때문이죠. 이 기이한 개념은 상대성이론이 준 첫 번째 교훈이고 '동시성의 상대성relativity of simultaneity'이라고 합니다. 이제 한 발 뒤로 물러서 이 개념들을 더 꼼꼼하게 살펴보겠습니다.

음파가 우리 귀에 어떻게 도달하는지 생각해봅시다. 소

리란 그저 충돌을 통해 에너지를 전달하는 공기 분자들의 진동에 불과합니다. 물질(여기서는 공기)이 없다면 소리도 존재할 수 없습니다. 우주 공간에서는 비명을 질러도 아무도 듣지 못합니다. 1980년대에 나온 영화 〈에일리언Alien〉에서 이 부분을 정확히 짚었죠.

아인슈타인은 음파와 달리 빛의 파동은 그 파동을 전달할 매질이 필요하지 않다는 것을 간파했습니다. 그의 이론은 상대성원리principles of relativity라고 하는 두 가지 아이디어를 바탕으로 합니다. 갈릴레오에게서 비롯된 첫 번째 원리는 모든 운동은 상대적이며, 그 어떤 실험으로도 어떤 대상이 진짜로 정지해 있음을 보여줄 수는 없다고 말합니다. 두 번째 원리는 빛의 파동이 광원의 속도와 독립적인 일정한 속도로 움직인다고 말합니다. 양쪽 아이디어 모두 쉽게 이해할 수 있는 말처럼 보이지만, 그 함축적 의미를 조금 더 깊게 파고들어 가보면 사정이 달라집니다. 빛이 모든 사람에게 동일한 속도로 움직인다는 두 번째 아이디어를 먼저 생각해보죠. 간단한 사고실험을 해보겠습니다.

한적한 시골 도로에서 차 한 대가 여러분을 향해 다가오고 있습니다. 엔진에서 나오는 음파가 차보다 먼저 도착하겠죠. 음파가 차보다 더 빠르니까요. 하지만 음파의 속도는 진동하는 공기 분자가 음파를 얼마나 빨리 전송할 수 있느냐에 달려 있습니다. 차가 속도를 올려본들 음파가 더 빨리 도달하지는 않습니다. 대신 음파가 압축되면서 파장이 짧아져 음높이가 올라가죠. 이것은 '도플러 효과Doppler effect'로 잘 알려진 현상입니다. 차가 마침내 여러분 앞을 쌩하고 지나쳐 갈 때 일어나는 음높이 변화로 알아차릴 수 있죠. 차가 멀어질 때는 음파가 점점 더 먼 곳에서 방출되기 때문에 여러분에게 도착하는 음파의 파장도 더 길게 늘어나서 음높이가 낮아집니다. 따라서 음파의 파장은 음원의 속도에 좌우되지만, 우리가 다가오는 차를 향해 공기를 뚫고 움직이지 않는 한 우리로 향해 오는 음파 자체의 속도(음파가 우리에게 도달하는 데 걸리는 시간)는 변하지 않습니다. 여기까지는 별 문제가 없습니다.

그런데 빛은 다릅니다. 빛은 이동하는 데 매질이 필요하지 않습니다. 그러니 매질을 기준으로 그 속도를 측정할 수 없습니다. 그럼 진정한 정지 상태에서 빛의 '진짜' 속도를 측정할 수 있는 특권을 누릴 사람도 사라집니다. 이로부터 아인슈타인은 서로의 상대적 속도와 상관없이 모든 관찰자에게 빛은 똑같은 속도로 측정되어야 한다고 결론 내렸습니다(다만 어느 정도 떨어져 있는 빛의 속도를 측정하는 동안 우리에게 그 어떤 가속이나 감속도 일어나지 않는다는 조건이 붙습니다◆).

로켓 두 대가 광속에 가까운 일정한 속도로 서로 가까

워지고 있다고 생각해봅시다. 이들에게는 누가 움직이고 있고, 누가 정지해 있다고 주장할 만한 기준점이 없습니다. 한 로켓에 탑승한 우주비행사가 다가오는 두 번째 로켓을 향해 빛의 펄스를 보내고, 자기로부터 멀어지는 펄스의 속도를 측정합니다. 그는 자기는 텅 빈 우주 공간 속에 떠서 정지해 있고 움직이는 쪽은 반대쪽 로켓이라 주장할 수 있습니다. 그리고 자기가 빛이 시속 10억km가 조금 넘는 평소의 속도로 멀어지는 장면을 볼 것이라고 생각하겠죠.◆◆ 실제로 그는 그 광경을 봅니다. 그와 마찬가지로 두 번째 로켓의 우주비행사도 자기가 우주 공간에 정지해서 떠 있다고 주장할 수 있습니다. 따라서 그 역시 자기에게 도달한 빛의 속도가 시속 10억km를 조금 넘는다고 예상할 것입니다(자동차에서 나오는 음파와 같이 빛의 속도도 그에게 접근하는 광원의 속도에 좌우되지 않기 때문입니다). 물론 그도 실제로 그 속도를 측정합니다. 따라서 두 우주비행사는 서로를 향해 광속에 가까운 속도로 움직이고 있음에도 동일한 빛의 펄스가 동일한 속

◆　　이것은 기술적인 세부 사항입니다. 기본적으로 일반상대성이론은 시공간이 중력이나 가속 때문에 휘어지는 것처럼 보이는 '비관성 기준 틀non-inertial reference frame'을 다룹니다. 이런 비관성 기준 틀에서는 여러분 가까운 곳을 지나는 빛이 일정한 속도를 갖는 것으로만 측정됩니다.

◆◆　　진공에서 빛의 속도는 1079252848.8km/hr입니다.

도로 이동한다고 측정하게 됩니다.

빛의 이런 이상한 특성은 빛 자체의 속성이 아니라 빛의 속도가 가진 속성으로 밝혀졌습니다. 이 속도는 우리 우주에서 가능한 최대 속도이며, 시간과 공간을 하나의 구조로 엮어주는 속도이기도 합니다. 빛이 관찰자들의 상대적인 속도에 상관없이 모든 관찰자에게 동일한 속도로 움직인다면 거리와 시간에 대한 우리의 개념을 바꿀 수밖에 없습니다.

여기 또 다른 사례를 살펴보겠습니다. 친구는 광속 99%의 속도로 움직이는 로켓을 타고 지구에서 멀어지고, 여러분은 지구에서 친구를 향해 빛의 펄스를 보내고 있다고 상상해봅시다. 여러분은 빛의 펄스가 시속 10억km로 멀어지는 것을 측정하고, 빛이 친구의 로켓을 광속의 불과 1%의 속도로 천천히 따라잡는 광경을 보게 될 것입니다. 도로에서 고속차선 차가 앞서 달리던 저속차선 차를 둘의 속도 차이만큼의 빠르기로 따라잡는 것처럼 말입니다. 하지만 로켓에 탄 친구가 여러분이 쏜 빛의 펄스를 보면 어떨까요? 상대성이론에 따르면, 친구는 빛이 시속 10억km의 속도로 자신을 따라잡는 모습을 보게 됩니다. 하지만 앞서 빛의 속도는 일정해서 모든 관찰자에게 동일한 속도로 관찰된다고 했습니다.

이런 일은 시간이 지구보다 로켓에서 더 느리게 흘러

가야만 가능합니다. 이렇게 되면 여러분 눈에는 불빛이 로켓 유리창을 간신히 따라잡는 것으로 보여도, 친구의 눈에는 불빛이 순식간에 번쩍이며 지나가는 것으로 보입니다. 로켓에서는 시계가 천천히 가니까 그 사이에 흘러간 시간이 아주 짧기 때문이죠. 물론 친구에게는 시계가 정상적인 속도로 느껴지지만 말입니다. 따라서 모든 관찰자의 눈에 빛이 동일한 속도로 보인다면, 모두가 거리와 시간을 다르게 측정하는 결과가 생깁니다. 우리는 실제로 이것을 확인하고 있습니다. 모든 관찰자에게 빛의 속도가 일정하다는 것은 실험으로 거듭 입증된 사실입니다. 그게 아니면 우리는 세상을 제대로 설명할 수 없습니다.

특수상대성이론은 우리 모두의 의견이 일치하는 결과를 이끌어내기 위해 시간과 공간을 결합함으로써 직관에 어긋나는 이런 상황을 아름답게 해결하고 있습니다. 공간 전체가 거대한 직사각형의 3차원 상자 안에 들어 있다고 상상해봅시다. 그 상자 안에서 일어나는 사건을 정의하려면 우리는 거기에 x, y, z 좌표를 할당하고(상자를 이루는 3개의 축에 대한 위치), 그와 함께 시간에 해당하는 값을 할당합니다(사건이 일어난 시각). 상식적으로 보면 시간의 값은 공간 속 사건의 위치를 정의하는 세 가지 값과는 아주 다릅니다. 하지만 공간의 축 3개에 시간의 축 1개를 보탤 수 있다면 어떨까요? 시간의 축은 각각의 공간 축 3개와 직각을 이루어야 하는데, 우리로서는 이것을 머릿속에 시각화할 수 없습니다. 이렇게 하면 시간과 공간이 결합된 4차원 볼륨이 생깁니다. 이것을 머릿속에 그릴 수 있도록 단순화하는 쉬운 방법이 있습니다. 공간의 차원 하나를 포기해서 3차원 입체를 2차원의 면으로 축소시킨 후에, 비어 있는 세 번째 차원을 시간축으로 사용하는 것이죠. 이제 이 고정된 시간과 공간의 덩어리를 슬라이스로 썰어놓은 거대한 식빵 덩어리라고 생각해보세요. 여기서 시간의 축은 식빵의 길이를 따라 나 있습니다. 각각의 식빵 슬라이스는 해당 순간에 공간 전체의 모습을 담은 스냅사진에 해당합니다. 연속적으로 이어져 있는 슬라이스는 시간의 연속에 해당하죠. 물리학에서는 이것은 '블록우주 모형block universe model'이라고 합니다. 이 모형에는 3차원밖에 없지만(2차원 공간과 1차원 시간) 실제로는 4차원 구성물을 나타내고 있다는 것을 잊지 말아야 합니다. 4차원 시공간이죠. 수학적으로는 4차원을 다루는 데 아무런 문제가 없습니다. 그저 불가능한 것을 머릿속으로 상상하면 되거든요.

4차원 시공간을 외부에서 바라보면 모든 공간뿐만 아니라 모든 시간까지 존재를 총체적으로 경험하게 됩니다. 과거, 현재, 미래가 그대로 얼어붙은 상태로 공존하는 것이죠. 이것은 실제로는 불가능한 전지적 관점입니다. 현실에서 우리는 항상 블록우주의 내부에 붙잡혀 있어서 시간축을 따라 천천히 흐르는 것으로 시간을 경험하기 때문이죠. 우리에게 시간은 마치 영화필름의 프레임이 돌아가는 것처럼 한 식빵 슬라이스에서 다음 슬라이스로 매끄럽게 움직입니다. 블록우주의 개념이 대단히 유용한 이유는 이것을 사용하면 상대성이론에 따라서 서로 다른 우리 관점을 이해할 수 있기 때문입니다. 서로에게 상대적으로 빠른 속도로 움직이는 두 관찰자는 각자 두 사건, 예를 들어 불빛의 번쩍임을 기록할 때 이 불빛들이 서로 얼마나 먼지, 혹은 그 시간 간격이 얼마나 긴지에 대해 의견이 다를 수 있습니다. 이것은 모두에게 빛의 속도가 일정하게 보인다면 반드시 치러야 할 대가입니다. 4차원의 블록우주 내부에서 바라보면 공간적 거리와 시간적 간격이 결합되어 두 사건 사이의 분리, 즉 시공간 간격spacetime interval이 모든 관찰자에게 동일해집니다. 거리와 시간을 각각 따로 취급하면 불일치하는 것처럼 보이지만, 이것은 결국 시공간상 관점의 차이에 불과하다는 것이 드러나죠. 여러분과 제가 정육면체를 서로 다른 각도에서 바라본다고 해봅시다. 제 눈에는 앞뒤의 깊이(제 시선에서 방향을 따라 측정한 거리) 차이에 따른 원근감이 느껴지는 면이라 해도, 여러분이 그 면을 정면으로 바라보면 같은 원근감을 느낄 수 없을 겁니다. 이것은 그 정육면체를 바라보는 각도에 달려 있습니다. 그럼에도 우

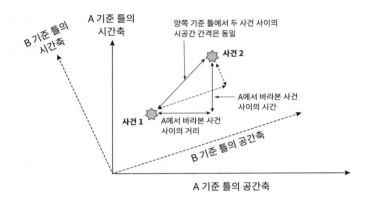

그림 1 ✳ 시공간에서 일어나는 사건

서로에 대해 빠른 속도로 움직이는 두 관찰자 A와 B가 두 가지 사건(불빛의 번쩍임)을 봅니다. 이 두 사건은 공간적으로, 시간적으로 분리되어 있습니다. 그럼 두 관찰자는 두 사건 사이의 거리나 시간에 대해 의견이 엇갈리게 됩니다. 이것은 두 사람의 공간축과 시간축이 서로 다르기 때문입니다. 하지만 4차원 시공간(여기서는 단순화를 위해 공간의 차원 2개는 무시했습니다)에서는 양쪽 기준 틀에서 두 사건 사이의 시공간 간격이 동일합니다. 2개의 직각삼각형은 각각 공간적 거리와 시간적 거리가 다르지만, 빗변의 길이는 동일합니다.

리는 그 입체가 각 변의 길이가 모두 동일한 정육면체이며, 눈에 보이는 차이는 그저 관점이 달라서 그렇게 보일 뿐이라고 동의할 수 있습니다. 4차원 블록우주에서도 똑같은 일이 일어납니다. 두 사건 사이의 시공간 간격에 대해 항상 의견이 일치하게 되죠.

　　　아인슈타인의 상대성이론은 우리가 현상을 4차원 시공간 안에서 바라보아야 한다고 가르쳐줍니다. 그 안에서는 공간적 거리와 시간적 거리 둘 다 그저 관점의 문제에 불과하죠. 어느 관찰자도 시간과 공간에 대한 자신의 관점이 다른 관찰자보다 더 정확하다고 주장할 수 없습니다. 일단 시간과 공간을 결합하면 모두의 의견이 같아지기 때문입니다. 시간과 공간 각각에 대한 개개인의 관점은 상대적이지만, 둘을 결합한 시공간은 절대적입니다.

아인슈타인의 일반상대성이론

특수상대성이론이 시간과 공간을 융합했듯이 일반상대성이론은 시공간을 물질 및 에너지와 연결해서(이 부분은 다음 장에서 더 깊이 살펴보겠습니다) 중력이라는 개념을 뉴턴의 법칙보다 더 심오하게 설명하고 있습니다. 뉴턴에 따르면 중력은 인력입니다. 질량들 사이에 보이지 않는 고무줄이 서로를 끌어당기고 있어서 아무리 멀리 떨어져 있더라도 즉각적으로 힘이 작용하죠. 여기에 대해 아인슈타인은 더 심오하고 정확한 설명을 제공하고 있습니다. 물체가 느끼는 중력의 강도는 주변 시공간이 휘어져 있는 곡률curvature의 양이라는 것이죠.

이 곡률 역시 우리가 시각화할 수는 없습니다. 편평한

4차원 공간을 상상하기도 불가능한데 휘어져 있기까지 하다면 말 다한 거죠. 일상적인 목적을 위해서라면 힘으로 묘사된 뉴턴의 중력도 실재와 충분히 가까운 근사치입니다. 하지만 예를 들어 블랙홀과 가까워져 중력이 강해지는 경우나, GPS 위성처럼 거리와 시간을 아주 정확하게 측정해야 하는 경우에는 그 단점이 분명하게 드러납니다. 이런 경우에는 어쩔 수 없이 뉴턴의 개념을 버리고 아인슈타인의 휘어진 시공간 개념을 온전히 수용해야 합니다.

중력은 시공간의 곡률로 정의되는데, 이것은 중력이 공간의 모양뿐만 아니라 시간의 흐름에도 영향을 미친다는 의미가 됩니다. 시공간 안에 박혀 있는 우리에게 이 영향은 광속에 가까운 속도로 움직이는 물체를 볼 때와 비슷하게 시간이 느려지는 것으로 나타납니다. 중력장의 근원으로부터 멀리 떨어져 더 편평한 시공간 영역에 있는 시계에 비해 중력이 강한 곳에 있는 시계는 더 느리게 갈 것입니다.

복잡한 개념을 밀도 있는 수학보다는 평범한 말로 풀어서 설명해주기를 원하는 사람들에게 안타까운 일이지만, 강한 중력에서 시간이 어떻게 그리고 왜 더 느리게 흐르는지는 물리학자들이 설명해보려 해도 정확히 안 되거나, 아예 안 되는 경우가 대부분입니다. 하지만 어쨌거나 최선을 다해보겠습니다.

특수상대성이론에 따르면, 두 명의 관찰자가 서로에 대해 상대적으로 움직이는 경우 각자 상대방의 시계가 더 느려진 것처럼 느낍니다. 그와 마찬가지로 두 명의 관찰자가 거리는 고정되어 떨어져 있지만 둘 중 한 사람이 더 강력한 중력을 느끼는 경우에도 비슷한 상황이 생깁니다. 예를 들면 한 사람은 지구에서 중력의 영향을 받고 있고, 다른 한 사람은 중력을 벗어나 머나먼 우주 공간에 있는 경우가 그렇습니다. 이번에도 역시 이 두 사람은 사건과 사건 사이의 시간 간격에 대해 의견이 엇갈립니다. 전과 마찬가지로 시계의 속도가 달라지죠. 시공간 곡률이 더 큰 지구의 중력 우물 가까운 곳에 있는 관찰자의 시계가 더 느리게 흐릅니다. 하지만 특수상대성이론의 경우와 달리 이곳의 상황은 더 이상 대칭적이지 않습니다. 우주 공간에 있는 시계가 더 빠르게 흐르는 것으로 보이니까요. 중력은 대단히 실질적인 의미에서 시간의 흐름을 늦춥니다. 물체가 땅으로 떨어지는 이유는 항상 시간의 흐름이 가장 느린 곳으로 움직이기 때문이라 할 수 있습니다. 더 천천히 늙으려고 하는 것이죠. 정말 아름다운 설명이 아닌가요?

중력이 시간에 미치는 영향은 이쯤 하고 공간에 대해서 살펴봅시다. 일반상대성이론은 중력이 공간을 휘게 만든다는 별 도움 안 되는 이야기 말고 또 무엇을 말해줄 수 있을까요? 아리스토텔레스와 데카르트는 채워줄 물질이 없으면 공간은 독립적으로 존재할 수 없다고 주장했죠. 아인슈타인은 여기서 한 걸음 더 나갔습니다. 그의 일반상대성이론에 따르면 물질과 에너지가 중력장을 만들어내는 것이며, 시공간이란 이 중력장의 '구조적 특성'에 불과합니다. 시공간 안에 무언가가 들어 있지 않으면 중력장이 존재하지 않고, 따라서 시간이나 공간도 존재하지 않는 것이죠.

약간 철학적인 이야기로 들릴 수도 있고, 물리학자들 중에는 이런 표현을 불편하게 여기는 사람도 있지 않을까 싶습니다. 부분적으로는 우리가 물리학을 가르치는 방식에 문제가 있습니다. 우리는 특수상대성이론과 편평한 시공간에서 시작해서(이것이 가르치기도 쉽고, 아인슈타인이 먼저 내놓은 것이기 때문이죠) 더 어려운 일반상대성이론으로 나아가는 경향이 있습니다. 일반상대성이론은 편평한 시공간이 물질과 에너지로 채워져 휘어지니까 더 어렵죠. 사실 개념적으로 보면 거꾸로 시공간 안에 들어 있는 물질과 에너지부터 배워야 합니다. 이런 식으로 접근하면 특수상대성이론은 중력이 너무 약해서 시공간을 편평한 상태로 생각할 수 있는 경우에만 유효한, 이상화된 근사치일 뿐이죠.

제가 지적하려는 부분은 아주 미묘하고 어려운 내용이

고, 심지어는 아인슈타인 자신도 그 함축적 의미를 처음부터 완전히 이해한 것은 아니었습니다. 그러니 이런 점에서 위안을 얻으셨으면 합니다. 일반상대성이론을 마무리하고 2년 후에 아인슈타인은 『상대성의 특수이론과 일반이론Relativity: The Special and the General Theory(A Popular Exposition)』이라는 제목으로 대중과학 서적을 한 권 썼습니다. 이 책은 1916년에 독일어판으로 처음 출판됐죠. 그 후로 40년의 세월 동안 수학이 우주에 대해 말해준 내용을 더욱 가다듬어 이해하게 됨에 따라, 아인슈타인은 이 책에 부록을 덧붙이게 됐습니다. 그리고 세상을 떠나기 전해인 1954년에 마지막이 된 다섯 번째 부록을 썼죠. 20페이지가 넘는 이 부록에는 인간의 정신이 만들어낸 그 어떤 것보다도 심오한 개념이 담겨 있습니다.

아인슈타인의 생각을 이해하려면 물리학의 '장field' 개념을 반드시 이해해야 합니다. 가장 단순하게 정의하면 장은 어떤 형태의 에너지나 영향력을 담은 공간 영역입니다. 이 공간 속의 모든 점에는 그 점에서의 장의 속성을 기술하는 값을 할당할수 있습니다. 막대자석을 둘러싼 자기장을 생각해보죠. 자기장은 막대자석의 극과 가까운 곳에서 제일 강하고 자석과 공간적으로 멀어지면 점점 약해집니다. 자기장을 따라 배열되는 철가루 모양은 철가루가 자신이 걸려 있는 자기장에 반응하는 방식을 보여주죠. 여기서 제가 짚고 싶은 요점은 굳이 말하지 않아도 될 만큼 빤합니다. 바로 자기장은 공간이 있어야 그 안에 존재할 수 있다는 것입니다.

이와는 대조적으로 아인슈타인 설명한, 물질의 존재만으로 창조되는 중력장은 시간과 공간 안에서 중력이 영향을 미치는 영역 이상의 존재입니다. 시공간 그 자체인 것이죠. 아인슈타인은 『상대성의 특수이론과 일반이론』 부록 5에서 최선을 다해 이에 대한 생각을 명확히 밝혔습니다. 1954년판에 새로 쓴 서문에서는 이렇게 말하고 있습니다.

시공간이 꼭 실제 물리적 대상과 독립적으로 별개의 존재성을 부여할 수 있는 대상이라 할 수는 없다. 물리적 대상은 공간 속에 있는 것이 아니라 공간적으로 연장되어 있는 것이다. 이렇게 생각하면 '텅 빈 공간'이라는 개념은 그 의미를 잃게 된다.

부록 5에서 아인슈타인은 더욱 분명하게 밝힙니다. "중력장을 제거한다고 상상해보면 거기에는 어떤 유형의 공간(즉 편평한 시공간)이 남는 것이 아니라 절대적인 무가 남는다. 일반 상대성이론의 관점에서 판단하면 편평한 시공간은 장이 존재하지 않는 공간이 아니라 특별한 경우다. 이것은 그 자체로는 아무

런 객관적 의미가 없다. 텅 빈 공간, 즉 장이 존재하지 않는 공간
이라는 것은 없다." 그리고 이렇게 결론 내리죠. "시공간은 그 자
체로는 존재하지 않으며, 장의 구조적 특성으로서만 존재한다."
아리스토텔레스와 데카르트의 개념을 바탕으로, 아인슈타인은
물체가 없는 공간은 존재하지 않는다는 개념을 일반화해서 중
력장 없이는 시공간이 존재하지 않는다는 것을 보여줍니다.

　　자기장과 마찬가지로 중력장은 실재하는 물리적 대상
입니다. 중력장은 휘어지고, 늘어나고, 물결칠 수 있죠. 하지만
중력장은 전자기장보다 더 근본적입니다. 전자기장은 중력장이
있어야 존재할 수 있습니다. 중력장이 없으면 시공간도 없으니
까요.

공간의 팽창

　　앞으로 나아가기 전에 마지막으로 한 가지 짚고 넘어갈
것이 있습니다. 물리학자들이 우주의 팽창에 대해 이야기할 때
면, 시공간 곡률이라는 개념에 대해 많은 사람들이 흔히 혼동하
는 부분이 확실하게 드러납니다. 시공간이 고정된 하나의 커다
란 4차원 블록이라면, 물리학자들이 공간이 팽창한다고 말하는

것은 대체 무슨 의미일까요? 어떻게 시간을 내포하는 무언가가 팽창할 수 있다는 말인가요? '팽창'이라는 단어는 무언가가 시간에 따라 변한다는 것을 암시하는데, 그 무언가 자체에 시간이 담겨 있지 않습니까! 하지만 우리가 망원경을 통해 공간의 팽창을 관찰할 때 시간 좌표가 함께 늘어나지는 않죠. 늘어나는 것은 시공간이 아닙니다. 시간이 흘러감에 따라 3차원의 공간만 늘어나는 것입니다. 어떤 면에서 보면 시공간은 민주적이죠. 시간을 그저 4개의 차원 중 하나로 취급하고 있으니까요. 하지만 일반상대성이론의 방정식을 대수적으로 조작하면(방정식을 살짝 다른 형태로 재구성한다는 의미입니다), 이제 모든 거리에 시간의 흐름에 따라 증가하는 환산계수scale factor를 곱해서 공간만 팽창하게 만들 수 있습니다.

이 팽창이 은하 사이의 광대한 공간에서만 일어난다는 점도 기억하세요. 은하 자체의 내부에서는 은하를 흩어지지 않게 붙잡고 있는 중력장이 전체적인 우주 팽창을 견딜 수 있을 정도로 강력하기 때문입니다. 은하는 오븐 속에서 부풀어 오르는 식빵 덩어리 안에 박힌 건포도들과 비슷합니다. 식빵 덩어리는 팽창하지만 건포도 알갱이들 자체는 같은 크기로 남아 있죠. 다만 서로 더 멀어질 뿐입니다.

블록우주라는 측면에서 우리의 국소적 시공간이 '식빵

우주' 안에 자리 잡고 있다고 상상해봅시다. 그리고 이 식빵우주에서는 연이어 있는 식빵 슬라이스가 과거에서 미래로 향하는 시간축을 따라 점점 커진다고 말입니다. 시공간 바깥에서 바라보면 슬라이스가 점점 커지는 고정된 식빵 덩어리만 보이겠죠. 하지만 식빵 속에, 즉 식빵 속 건포도 안에 붙잡힌 우리의 관점에서는 연이어 커지는 슬라이스만 경험하게 됩니다. 따라서 우리가 슬라이스를 거치며 움직이는 동안 어느 한 점(예를 들면 멀리 떨어져 있는 은하)이 우리로부터 점점 더 멀어지는 것으로 보입니다.

이 개념들은 모두 정말 심오하지만 제가 이 장에서 기술한 시공간에 관한 모든 내용은 현대 물리학의 세 기둥 중 하나에서만 나온 것입니다. 상대성이론은 공간이 매끄럽고 연속적이라 말합니다. 이것을 점점 더 작은 영역까지 확대해 들어가면 결국에는 현대 물리학의 두 번째 기둥인 양자역학의 영역에 도달하죠. 모든 것이 모호한 이곳은 우연과 불확실성이 지배합니다. 그럼 이 가장 짧은 길이 척도와 가장 짧은 시간 간격에서는 시간과 공간에 어떤 일이 벌어질까요? 해상도 이상으로 확대한 이미지의 픽셀처럼 시공간 자체도 입자 같은 속성을 갖게 될까요? 어쩌면 그럴지도 모르겠습니다. 이 부분은 뒤에서 곧 다루겠습니다. 상대성이론의 블록우주는 시간을 변하지 않는 정적인 존재로 생각할 수 있다고 봅니다. 과거, 현재, 미래가 4차원 시공간의 일부로 공존한다는 것이죠. 하지만 물리학의 세 번째 기둥인 열역학은 시간을 그저 또 다른 차원으로 보는 것이 적절치 않다고 말합니다. 열역학은 계가 시간의 흐름에 따라 어떻게 변화하는지 기술할 뿐 아니라, 시간에 방향성을 부여합니다. 공간의 3차원에는 이런 방향성이 존재하지 않죠. 과거를 기억하고, 현재에 살고, 미래를 예측한다는 사실에서 우리는 시간이 한 방향으로만 흐른다고 인식합니다. 하지만 그와는 관계없이 과거에서 미래로 향하는 시간의 화살이 존재합니다. 이것이 블록 우주의 깔끔한 대칭성을 무너뜨리죠.

우리는 아직 물리학의 나머지 두 기둥을 탐험할 준비가 안 됐습니다. 먼저 시공간을 물질과 에너지로 채워야 하죠. 아인슈타인은 우리에게 물질, 에너지, 공간, 시간은 모두 긴밀하게 얽힌 동반자라는 교훈을 가르쳐주었습니다. 다음 장에서는 이 말의 의미를 탐구해보겠습니다.

4

에너지와
물질

일반상대성이론은 아인슈타인의 장 방정식field equation
에 수학적으로 압축되어 있습니다. 사실 이것은 한 줄에 빽빽하
게 적을 수 있을 정도의 방정식 모음이죠. 하지만 방정식은 항상
등호(=)를 가운데 두고 양변으로 나뉘기 때문에 시공간의 형태
는 방정식의 절반에 불과합니다. 이제 그 나머지 절반을 알아보
려 합니다.

아인슈타인의 방정식은 중력장, 즉 시공간의 형태가 어
떻게 물질과 에너지에 의해 결정되는지 표현합니다. 흔히 그의
장 방정식은 시공간이 물질과 에너지에 의해 어떻게 휘어지고,
그와 동시에 물질과 에너지가 그 휘어진 시공간 속에서 어떻게
작용하는지 보여준다고 하죠. 여기서 말하는 핵심은 들어가 존
재할 수 있는 어떤 장소가 없다면 물질과 에너지가 존재할 수 없
는 것과 마찬가지로, 물질과 에너지가 없다면 시공간도 존재할
수 없다는 것입니다. 그럼 우주를 구성하는 '내용물'에 대해 우
리가 알고 있는 것들을 탐구해봅시다.

에너지

에너지는 우리 모두가 직관적으로 이해하고 있다고 여기는 개념 중 하나입니다. 우리는 보통 배가 고프거나, 피곤하거나, 몸이 좋지 않으면 "에너지가 떨어졌어"라고 말하죠. 반대로 컨디션이 좋고 체력도 받쳐줄 때는 에너지가 넘치니까 운동을 좀 해야겠다고 생각합니다. 때로는 에너지라는 용어를 대단히 비과학적인 방식으로 사용하기도 합니다. 예를 들면 "방 안에서 긍정적인 에너지가 느껴져", "너한테서 부정적인 에너지가 뿜어져 나와"라고 할 때 그렇죠.

물리학에서 에너지라는 개념은 일을 할 수 있는 능력을 의미합니다. 따라서 무언가가 에너지를 많이 가질수록 할 수 있는 일도 많아지죠. 그 '일work'이라는 것은 물질을 한 장소에서 다른 장소로 옮긴다는 의미, 무언가를 가열한다는 의미, 혹은 나중에 사용하기 위해 에너지를 저장한다는 의미일 수도 있습니다. 솔직히 에너지보다는 '힘force'이라는 개념이 체감이 더 잘되기는 하지만(힘은 몸으로 느낄 수 있지만 에너지의 경우 열이나 빛의 형태로 존재하지 않는 한 감각으로 직접 느껴지지는 않으니까요), 힘보다 더 유용하다는 것이 알려진 이후로 에너지라는 개념은 2세기 동안 물리학에서 폭넓게 사용되어왔습니다.

그럼에도 일을 하는 능력이라는 에너지의 정의는 힘이라는 개념과 연결되어 있습니다. 보통 물리학에서 '일'이라는 용어를 사용할 때는 저항하는 힘을 이기고 무언가를 움직이는 능력을 의미하거든요. 예를 들어 마찰력을 이기고 무거운 가구를 땅 위에서 끌고 가려면 에너지가 필요합니다. 그와 비슷하게 배터리는 전도체의 저항을 이기고 회로를 통해 전류를 밀어내는 데 에너지를 씁니다. 그리고 증기에 저장된 열에너지는 터빈에 힘을 공급하는 압력을 생산하죠. 그럼 터빈은 이 에너지를 전기로 전환하고, 이렇게 전환된 에너지는 기계적인 일을 하는 데 사용되거나 다시 빛과 열을 만드는 데 사용되기도 합니다.

에너지에는 여러 종류가 있습니다. 움직이는 물체는 운동에너지kinetic energy를 갖습니다. 중력장에 놓여 있는 물체는 퍼텐셜에너지potential energy(위치에너지라고도 합니다)를 저장하고 있죠. 뜨거운 물체는 원자들의 운동 때문에 열에너지thermal energy를 갖고 있습니다. 이것들 모두 맞는 말이긴 하지만, 에너지의 진짜 정체를 말해주지는 않습니다.

에너지 보존법칙부터 시작해보죠. 이 법칙에 따르면 우주의 총 에너지 양은 일정합니다. 이것은 뇌터의 정리를 통해 시간 대칭성이라는 더 심오한 개념으로부터 유도되어 나옵니다. 시간 대칭성이란 물리학의 모든 법칙이 '시간 변환에 불변'이라는 것입니다. 이것은 결국 물리 과정에서 총 에너지는 시간의 흐름 속에서 보존된다는 결론으로 이어집니다. 이것이 새로운 소립자의 존재를 예측하는 등 심오하고 새로운 통찰로 이어졌습니다. 에너지 보존법칙은 영구기관이 불가능하다는 것도 말해 줍니다. 에너지를 마법처럼 무에서 계속 만들어낼 수는 없기 때문이죠.

'에너지가 한 형태에서 다른 형태로 바뀌더라도 한 계 안에서 에너지의 총량은 보존된다.' 언뜻 보면 여기에 더 보탤 이야기가 있나 싶습니다. 하지만 에너지의 본질에 관해서 제가 아직 이야기하지 않은 더 난해한 부분이 남아 있습니다. 좀 느슨하게 말하면, 에너지는 두 종류로 나눌 수 있습니다. '쓸모 있는 에너지'와 '쓸모없는 에너지'죠. 이런 구분이 시간의 화살과 관련해서 대단히 심오한 결과를 낳습니다. 우리는 세상을 운영하는 데 에너지가 필요하다는 것을 알고 있습니다. 차를 굴리고 산업을 가동하는 데도 에너지가 필요하고, 집에 조명을 켜고 난방을 하고 가전기기를 돌리고 전자장비에 사용할 전기를 만드는 데도 에너지가 필요합니다. 사실 생명 그 자체를 유지하는 데도 에너지가 필요하죠.

분명 이 에너지가 영원할 수는 없습니다. 그렇다면 언젠가는 쓸모 있는 에너지가 바닥나는 날이 올까요? 시야를 넓혀서 바라보면 우주 전체를 태엽시계라 생각할 수 있습니다. 이 태엽이 천천히 풀리면서 언젠가 우주는 멈추게 되겠죠. 하지만 에너지가 항상 보존된다는데 왜 그런 일이 일어날까요? 에너지를 한 형태에서 다른 형태로 바꾸면서 무한히 돌려 쓸 수 있지 않나요? 에너지는 항상 거기에 존재한다면서요? 이에 대한 해답은 간단한 통계학과 확률론, 열역학 제2법칙으로 귀결됩니다. 하지만 이 이야기는 6장으로 잠시 미뤄두겠습니다. 지금은 에너지에서 물질로 주제를 옮겨갈까 합니다.

물질과 질량

물질의 본성에 대해 이야기할 때는 '질량'이라는 개념을 함께 이해해야 합니다. 가장 기본적인 수준에서 보면 한 물체의 질량은 그 안에 들어 있는 내용물의 양을 측정한 값입니다. 일상에서는 질량을 무게와 같은 의미로 사용할 때가 많습니다. 지구에서라면 문제없습니다. 두 값이 서로 비례하니까요. 몸의 질량이 2배로 늘면 무게도 2배가 됩니다. 하지만 진공의 우주 공간에 나가면 질량은 동일해도 무게는 0이 됩니다.

질량도 항상 일정하게 유지되는 것은 아닙니다. 물체가

빨리 움직일수록 질량도 늘어납니다. 보통 학교에서는 이런 내용을 가르치지 않죠. 뉴턴이 이 사실을 알았다면 무척 놀랐을 겁니다. 이것은 시공간의 본질이 낳은 또 하나의 결과로, 아인슈타인의 특수상대성이론으로 설명할 수 있습니다. 일상에서는 이런 일이 왜 보이지 않는지 궁금할 겁니다. 그 이유는 보통 우리는 광속에 가까운 속도로 움직이는 물체를 볼 일이 없기 때문입니다. 그 정도의 속도가 나와야 이 효과가 눈에 들어오거든요. 예를 들어 어떤 관찰자가 보기에 광속의 87% 속도로 움직이는 물체의 질량을 측정하면, 정지질량의 2배가 나올 것입니다. 광속의 99.5%로 움직이는 물체의 질량은 정지질량의 10배가 되죠. 하지만 제아무리 빠른 총알이라고 해도 광속의 0.0004%에 불과하기 때문에 보통 우리는 움직이는 물체의 질량이 변화하는 상대론적 효과를 체감하지 못합니다.

　　물체가 광속의 몇 분의 1 정도 되는 속도에 도달했을 때 질량이 증가하는 것은 물체의 크기가 커지거나 그 안에 든 원자 수가 늘어났기 때문이 아닙니다. 정지질량을 바탕으로 예상되는 것보다 더 큰 운동량momentum을 얻기 때문입니다. 뉴턴역학에 따르면 물체의 운동량은 질량과 속도를 곱한 값입니다. 운동량이 속도에 비례해서 커진다는 의미죠. 속도를 2배로 올리면 운동량도 2배로 커집니다. 하지만 뉴턴역학에서는 물체가 움직일 때 질량이 커지는 것에 대해서는 이야기하지 않습니다. 특수 상대성이론에서는 운동량에 대해 다른(그리고 더 정확한) '상대론적' 공식을 제공합니다. 여기서는 운동량이 더 이상 물체의 속도에 비례하지 않습니다. 사실 물체가 광속에 도달하면 운동량은 무한대가 됩니다.

이것은 그 무엇도 빛의 속도보다 빨리 움직일 수 없는 이유(특수상대성이 내놓는 또 하나의 예측)를 이해하는 데 아주 쓸모가 있습니다. 물체를 더 빨리 움직이게 만드는 데 필요한 에너지를 생각해봅시다. 느린 속도에서는 이 에너지가 운동에너지로 변환되면서 물체의 속도가 올라갑니다. 하지만 물체가 빛의 속도에 가까워질수록 그 물체의 속도를 더 올리기가 어려워지고, 거기에 투입되는 에너지는 속도 대신 질량을 높이는 데 들어가는 것이 더 많아집니다. 이런 개념이 물리학에서 가장 유명한 방정식인 $E = mc^2$으로 이어집니다. 이 방정식은 질량(m)과 에너지(E)를 광속(c)의 제곱과 함께 묶고 있습니다. 이는 질량과 에너지가 서로 변환이 가능하다는 것을 의미하죠. 어떻게 보면 질량은 얼어 있는 에너지라고 할 수 있습니다. 광속의 제곱은 대단히 큰 수이기 때문에 아주 작은 질량이라도 막대한 양의 에너지로 변환이 가능하고, 역으로 막대한 양의 에너지를 투입해도 아주 작은 질량만을 얻을 수 있습니다.

따라서 '에너지 보존법칙'은 우주의 에너지 더하기 질량의 총량은 시간의 흐름 속에 일정하게 유지된다는 '에너지 및 질량 보존법칙'으로 일반화해야 더 정확합니다. 아원자세계만큼 이 개념이 명확하고 중요하게 드러나는 곳은 없습니다. $E = mc^2$을 통해 아원자세계에서 핵분열을 이해하고 원자핵 에너지를 해방시킬 수 있었죠. 반세기 동안 입자가속기에서 아원자입자 빔을 고에너지에서 충돌시켜 얻은 에너지로 새로운 물질(새로운 입자)을 창조할 수 있었던 것도 다 이 방정식 덕분입니다. 하지만 에너지로 창조할 수 있는 물질입자의 종류에는 관련 규칙이 존재합니다. 다음에는 이에 대해 이야기해보겠습니다.

물질의 기본 구성요소

100년도 전에 어니스트 러더퍼드Ernest Rutherford는 한스 가이거Hans Geiger와 어니스트 마스덴Ernest Marsden의 도움을 받아 원자의 내부 구조를 처음으로 밝혀냈습니다. 알파입자alpha particle를 얇은 금박에 쏘아 몇 개가 금박을 통과하고, 몇 개가 튕겨 나오는지 관찰한 것이죠. 그 순간부터 물리학자들은 아원자세계로 더 깊이 파고드는 일에 매달렸습니다. 처음에는 전자구름electron cloud이 작고 밀도 높은 원자핵을 둘러싼 원자 자체의 구조를 밝혀냈습니다. 이어서 원자핵 자체의 내부를 들여다보고, 그것이 양성자와 중성자라는 더 작은 구성요소로 만들어져 있음을 알아냈죠. 결국에는 거기서 더 깊이 들어가 양성자와 중성자 안에 '쿼크'라는 소립자가 숨어 있음을 밝혀냈습니다. 그 상대적 크기가 어떻게 되는지 감을 잡아봅시다. 원자를 집 크기로 부풀린다면 쿼크가 갇힌 양성자나 중성자의 부피는 소금 알갱이 하나의 크기에 해당합니다. 원자 자체의 크기도 믿기 어려울 정도로 작다는 점을 기억하세요. 세상 바닷물을 모두 담는 데 필요한 컵 수보다 물 한 컵에 든 원자의 수가 더 많습니다.

학교에서는 전자기력을 전기적, 혹은 자기적 인력(끌어당기는 힘)이나 척력(밀어내는 힘)으로 배웁니다. 원자의 척도에서는 이 힘이 훨씬 중요한 역할을 합니다. 원자들은 온갖 조합으로 결합해서 우리가 주변에서 보는 다양한 물질을 만들어냅니다. 하지만 원자들이 어떻게 결합할 것인지는 결국 그 전자들이 원자핵 주변에 배열되는 방식에 달려 있습니다. 이것이 바로 화학의 본질이죠. 원자들끼리 결합해서 우리 세상의 온갖 것들이 만들어지는 것은 거의 전적으로 전자들 사이의 전자기력 덕분입니다. 사실 중력과 함께 전자기력은 직접적으로든 간접적으로든 우리가 자연에서 경험하는 거의 모든 현상을 책임지고 있습니다. 현미경의 척도에서 보면 원자들 사이의 전자기력이 물질을 한데 붙잡고 있습니다. 우주의 척도에서 보면 중력이 물질을 한데 붙잡고 있고요.

원자핵 내부에는 아주 다른 세계가 존재합니다. 원자핵은 양전하를 띤 양성자와 전기적으로 중성인 중성자, 이렇게 두 가지 종류의 입자◆로 이루어지기 때문에 양성자들 사이의 전자기적 반발로 원자핵이 쪼개져야 할 것 같습니다. 이런 작은 척도에서는 중력이 너무 약하기 때문에 아무런 역할도 못하죠. 그런데도 원자핵의 구성요소들은 빽빽하게 한데 묶여 있습니다. 이것은 양성자와 중성자를 붙이고, 심지어 양전하 사이의 반발력까지도 이기고 양성자끼리 붙이는 접착제 역할을 하는 다른 힘이 작용하는 덕분입니다. 이것은 '강한핵력strong nuclear force'이라 하는데, 양성자와 중성자를 이루는 훨씬 더 작은 구성요소인 쿼크들 사이에서 가장 강하게 작용합니다. 쿼크들은 '글루온gluon'이라는 매개입자로 한데 묶여 있습니다. 따라서 쿼크끼리는 글루온을 교환하며 서로를 끌어당기는 반면, 쿼크와 전자는 양쪽 모두 전하를 띠기 때문에 광자를 교환하며 전자기력을 통해 상호작용하죠.

◆　　둘을 합쳐서 '핵자nucleon'라고 합니다.

원자핵의 구조, 형태, 크기를 지배하는 양자규칙은 아주 복잡하기 때문에 여기서 논의하지는 않겠습니다. 하지만 궁극적으로 원자핵, 원자, 우리를 비롯한 세상 모든 물질의 안정성에 기여하는 것은 양전하를 띤 양성자들 간 전자기 척력과 모든 핵자들 간 핵력◆◆ 사이의 상호작용입니다.

또 다른 힘이 존재합니다. 네 번째 힘이자 지금까지 알려지기론 마지막 자연의 힘입니다. 이 역시 대부분 원자핵 안에 국한해서 작용하는 힘으로 간단하게 '약한핵력weak nuclear force'이라고 합니다. 이 힘은 어떤 입자들이 W 보손과 Z 보손을 교환할 때 발생합니다. 교환은 쿼크가 글루온을 주고받고 전자가 광자를 주고받는 것과 같은 방식으로 이루어지죠. 강한핵력과 비슷하게 약한핵력도 아주 짧은 거리에서 작용하기 때문에 그 효과를 직접 볼 수는 없습니다. 하지만 우리는 이 힘에 의해 촉발되는 물리 과정에 아주 익숙합니다. 약한핵력은 양성자와 중성자 사이의 상호변환을 일으키는데, 이것이 베타방사능beta radioactivity으로 이어지기 때문입니다. 베타방사능은 원자핵에서 방출되는 하전입자, 즉 전하를 띤 입자입니다. 베타입자에는

◆ ◆　이 자체는 핵자 내부에서 글루온에 의해 발생하는 쿼크들 사이의 인력인 강한핵력에서 생기는 자투리 힘입니다.

두 유형이 있습니다. 전자electron와 그 반물질인 양전자positron 입니다. 양전자는 전자와 똑같은데 전하만 반대죠. 베타입자의 생성 과정은 아주 간단합니다. 원자핵 안에 있는 양성자와 중성 자의 수가 균형이 맞지 않으면 불안정해지면서 하나 이상의 양 성자가 중성자로, 혹은 중성자가 양성자로 바뀌면서 균형을 바 로잡습니다. 그러는 중에 전자나 양전자가 생겨나 방출되죠. 이 렇게 해서 전하가 보존됩니다. 다시 말해 중성자가 너무 많은 원 자핵은 베타붕괴beta decay를 일으키고, 그때 중성자가 양성자로 변하면서 전자 하나가 방출됩니다. 새로 양성자가 만들어지면 서 늘어난 양전하를 이 전자의 음전하가 상쇄해주죠(원래의 중 성자는 전하를 띠지 않았으니 이렇게 해야 전하가 유지됩니다). 역으로 양성자가 너무 많으면 그중 하나가 중성자로 변하면서 양전하 를 띠는 양전자를 방출하고, 원자핵은 안정을 찾습니다.

양성자와 중성자에는 각각 3개의 쿼크가 들어 있습니 다. 이런 쿼크들은 두 가지 유형, 즉 '맛깔flavor'로 나뉩니다. 이 들을 '업up'과 '다운down'이라는 상상력이 좀 부족한 이름으로 부르고 있죠. 이 두 가지 맛깔은 값이 다른 분수 형태의 전하량 을 갖고 있습니다. 양성자에는 업 쿼크 2개와 다운 쿼크 1개가 들어 있습니다. 업 쿼크는 전자 음전하의 2/3 크기에 해당하는 양전하를 띱니다(+2/3e). 다운 쿼크는 전자 음전하의 1/3에 해당하는 음전하를 띕니다(-1/3e). 이 세 쿼크의 전하를 모두 합하면 양성자의 올바른 전하량 +1e이 되죠. 반면 중성자에는 다운 쿼크 2개와 업 쿼크 1개가 들어 있습니다. 따라서 총 전하량은 0e이 됩니다.

사실 쿼크의 맛깔에는 총 6개 유형이 있습니다. 이 각각의 맛깔은 서로 다른 질량을 갖고 있죠. 원자핵을 구성하는 업 쿼크와 다운 쿼크 말고, 나머지 4가지 쿼크는 각각 '스트레인지strange', '참charm', '톱top', '보텀bottom'이라고 부릅니다. 그냥 임의로 선택한 이름들이죠. 이 쿼크들은 '업'이나 '다운'보다 무겁지만 잠깐 동안만 존재할 수 있습니다. 마지막으로 쿼크는 전하뿐만 아니라 '색전하color charge'라는 또 다른 특성도 갖고 있습니다. 이것은 강한핵력과 관련이 있고 쿼크의 상호작용 방식을 설명하는 데 도움이 되죠.◆

전자는 '경입자lepton'라는 다른 입자 종류에 속합니다. 경입자에도 6개 유형이 있죠. 전자가 그중 하나고 그 외로 '뮤

◆　　쿼크는 핵자를 구성할 때처럼 3개가 한 조를 이루기도 합니다. 하지만 짝, 엄밀히 말하면 쿼크와 반쿼크 짝으로 조를 이루어 중간자meson라는 또 다른 유형의 입자를 이루기도 하죠. 쿼크들끼리 결합해서 테트라쿼크tetraquark나 펜타쿼크pentaquark처럼 더 이색적인 복합입자를 만들 수 있는지는 아직 확실치 않습니다. 테트라쿼크는 쿼크 2개와 반쿼크antiquark 2개로 구성되고, 펜타쿼크는 쿼크 4개와 반쿼크 1개로 구성됩니다.

온muon'과 '타우tau'가 있고(전자의 사촌 격으로 수명이 짧고 무겁습니다), 세 가지 유형의 '중성미자neutrino'가 있습니다. 중성미자는 베타붕괴 동안에 만들어지는 아주 가볍고 거의 감지가 안 되는 입자죠. 경입자는 강한핵력에 영향을 받지 않고 색전하를 띠지도 않습니다.

현재까지의 연구에 따르면 입자물리학의 표준모형에서 입자는 전체적으로 2개 계열이 있습니다. 6가지 맛깔의 쿼크와 6가지 경입자를 포함하는 물질입자 '페르미온fermion'과 광자, 글루온, W와 Z, 힉스를 포함하는 매개입자 '보손boson'입니다. 힉스입자에 대해서는 뒤에서 다시 다루겠습니다.

쓸데없이 복잡하게 들리겠지만 사실 일상에서는 이런 부분까지 알아야 할 필요가 없으니 안심하셔도 됩니다. 우리 몸을 비롯해서 태양, 달, 별 등 우리가 보는 모든 것은 원자로 이루어져 있고, 원자는 다시 쿼크와 경입자라는 딱 두 부류의 입자로 이루어져 있습니다. 사실 모든 원자 물질은 처음에 나오는 두 맛깔의 쿼크(업과 다운)와 한 가지 경입자(전자)로 구성되어 있죠. 놀랍게도 사실 가장 흔한 물질입자는 중성미자이지만요.

물질과 에너지의 간단한 역사

이 모든 물질은 애초에 어떻게, 언제부터 존재하게 됐을까요? 이것을 이해하려면 다시 시야를 넓혀서 가장 큰 척도에서 우주를 탐구해보아야 합니다.

우리 우주가 팽창하고 있다는 사실이 알려진 지는 거의 한 세기가 지났습니다. 천문학자들이 멀리 떨어진 은하에서 오는 빛을 관찰해보았더니 파장이 전자기스펙트럼에서 붉은색 쪽으로 늘어나 있었죠. 이것을 '적색편이redshift되었다'고 합니다. 이는 이 은하들이 우리로부터 멀어지고 있다는 의미입니다. 사실 멀리 떨어진 은하일수록 거기서 오는 빛의 적색편이도 심하고 더 빠른 속도로 멀어지고 있습니다. 하지만 모든 방향에서 은하가 멀어지고 있는 것이 보인다고 해서, 우리가 우주의 중심 자리를 차지하고 있다는 의미는 아닙니다. 이것은 오히려 모든 은하가 서로에게서 멀어지고 있음을 의미합니다. 은하들 사이의 공간이 팽창하고 있기 때문이죠. 이런 팽창이 우리의 국부은하군Local Group 같은 은하단 내부에는 적용되지 않는다는 것을 명심하세요. 국부은하군에는 우리은하, 안드로메다은하, 그 외 몇몇 소규모 은하가 포함됩니다. 이 은하들은 서로 충분히 가까이 붙어 있어서 중력으로 묶여 있기 때문에 공간의 팽창에 저항할 수 있습니다.

우주의 팽창이 물질 및 에너지의 기원과 무슨 상관이냐는 의문이 들 수 있습니다. 하지만 이 팽창은 빅뱅이 있었다는 가장 확실한 증거 중 하나입니다. 빅뱅은 약 138억 2000만 년 전에 우리가 속한 우주 영역이 믿기 어려울 정도의 고온과 고밀도 상태에서 탄생한 순간을 말합니다. 우리가 보는 우주가 현재 팽창하면서 은하들이 서로 멀어지고 있다면, 과거에는 분명 모든 것들이 서로 더 가까웠겠죠. 그럼 충분히 시간을 거슬러 올라가면 어느 시점에 가서는 분명 모든 물질과 그 물질을 담은 공간마저도 모두 한 점으로 찌그러져 있었을 것입니다. 따라서 우주에는 여기가 빅뱅이 일어났던 장소라 주장하며 깃발을 꽂을 수 있는 장소가 없습니다. 빅뱅은 우주 모든 곳에서 일어났습니다. 더 혼란스러운 부분은 만약 현재 우주의 크기가 무한하다면(아마도 그럴 것입니다) 빅뱅 당시부터 이미 우주의 크기가 무한했어야 한다는 것입니다. 시간이 무한하지 않고서야 유한한 것을 팽창시켜 무한한 것을 만들 수는 없으니까요. 빅뱅이 어느 특정 '장소'에서 일어난 것이 아니라, 이미 무한한 공간 속 모든 장소에서 일어났다는 개념을 이해하는 것이 중요합니다.

이 문제에 관해 개념적으로 더 논리적인 입장이 업데이트됐습니다. 우리가 빅뱅이라 부르는 것이 '국소적'인 사건에 불과했다는 것이죠. 빅뱅은 우리가 파악할 수 있는 보이는 우주만을 만들어냈습니다. 하지만 무한한 우주 전체에는 우리가 볼 수 있는 범위를 넘어서 멀리 떨어진 다른 공간 영역이 있고, 그 공간에는 자체적인 빅뱅이 있었다는 이야기입니다. 이것은 다중우주의 개념을 설명하는 한 가지 방법입니다. 다중우주에 대해서는 8장에서 다시 살펴보겠습니다.

빅뱅이론을 뒷받침하는 다른 증거들도 많습니다. 가벼운 원소가 상대적으로 풍부한 것도 그중 하나죠. 우주에서 보이는 모든 물질의 질량 중 3/4 정도는 수소의 형태로 존재하고, 나머지 1/4 정도는 그다음으로 가벼운 원소인 헬륨입니다.◆

다른 형태로 존재하는 원소는 소량에 불과합니다. 그중 대부분은 빅뱅이 있고 오랜 시간이 지난 후에 항성 안에서 만들어졌죠. 빅뱅이론에서는 수소와 헬륨이 우주의 주된 성분이 될 것이라 예측하는데, 이것은 지금까지 관찰된 내용과 정확히 일치합니다. 한 가지 좋은 점은 굳이 우주여행을 떠나지 않아도 이런 성분 구성을 파악할 수 있다는 것입니다. 망원경을 통해 모은 빛 속에는 그 빛을 만들었거나, 그 빛이 지구까지 오는 동안 통

◆ 여기서 '질량'이라는 단어를 사용했다는 점에 명심하세요. 우주에 있는 원자의 수로 따지면 92% 정도가 수소고, 헬륨은 8%에 불과합니다. 헬륨은 수소보다 질량이 4배 크거든요.

과했던 멀리 떨어진 원자가 무엇이었는지 말해주는 흔적이 담겨 있습니다. 우주에서 우리를 찾아온 빛을 연구함으로써 우주의 성분에 대해 알 수 있다는 것은 과학에서 가장 아름다운 사실 중 하나입니다.

빅뱅을 뒷받침하는 또 다른 증거가 있습니다. 1964년에 이것이 발견되면서 마침내 빅뱅이론이 합리적 의심을 딛고 증명되었죠. 소위 '마이크로파 우주배경복사'라는 것입니다. 모든 공간을 채우고 있는 이 고대의 빛은 빅뱅이 있고 오래 지나지 않은 시절, 중성원자가 최초로 형성되던 시기에서 기원했죠. 우주의 역사에서는 이 시기를 '재결합의 시대era of recombination'라 부릅니다. 이것은 빅뱅이 있고 37만 8000년 후에 일어났습니다. 공간이 팽창하면서 충분히 냉각된 덕분에 양전하를 띤 양성자와 알파입자alpha particle◆가 전자를 포획해서 수소와 헬륨 원자를 이룰 수 있었죠. 그 전에는 전자에 에너지가 너무 넘쳐서 양성자와 알파입자에 달라붙어 중성의 원자를 형성하지 못했습니다. 사정이 그렇다 보니 빛의 입자인 광자가 이런 전하를 띤 입자들과 부딪혀 상호작용하는 바람에 자유롭게 움직일 수 없었

◆ 알파입자는 수소 다음으로 가벼운 원소인 헬륨의 원자핵입니다. 이것은 양성자 2개와 중성자 2개, 이렇게 4개의 핵자로 이루어집니다.

고, 공간 전체가 안개 속에서 뿌옇게 빛나는 것 같았습니다. 하지만 우주가 충분히 냉각되어 원자가 형성되자 공간이 투명해지면서 광자가 자유롭게 움직일 수 있게 됐습니다. 그 후로 이 빛은 모든 방향으로 우주를 가로지르며 움직여왔죠.

최초의 빛은 공간이 팽창하면서 에너지를 계속 잃어왔지만 속도는 느려지지 않았습니다. 빛은 언제나 일정한 속도로 움직이니까요. 대신 자신이 통과하는 공간이 팽창하는 바람에 파장이 늘어났죠. 그래서 수십억 년이 지난 오늘날에는 더 이상 전자기스펙트럼의 가시광선 영역에 들어가지 못하고 마이크로파microwave 형태로 존재합니다. 천문학자들은 이 마이크로파 복사를 측정해서, 이것이 절대영도(-273.15℃)보다 약 3℃ 높은 우주 깊은 곳의 온도에 해당한다는 것을 알아냈습니다. 이것은 빅뱅이론의 예측치과 맞아떨어지는 값입니다. 이 예측치는 실제로 측정해보기도 전에 이미 나와 있었죠.

우주의 일생에서 훨씬 더 이른 시간, 원자가 형성되기 오래전으로 돌아가봅시다. 우주는 엄청나게 뜨거운 에너지 거품으로 시작해서 1조 분의 1초 만에 쿼크와 글루온 같은 아원자입자가 형성될 수 있을 정도로 냉각됐습니다. 공간이 팽창하면서 이 에너지로부터 입자들이 응결되어 나온 것이죠. 처음에는 이 입자들이 아주 에너지가 높아서 '쿼크-글루온 플라스마quarkgluon plasma'라는 섭씨 수조 도의 뜨거운 수프 속에서 제한 없이 돌아다녔습니다. 그러다 우주의 나이가 겨우 수백만 분의 1초 정도가 되었을 때 이 입자들이 덩어리로 뭉쳐 양성자와 중성자, 그와 함께 다른 더 무거운 입자들을 형성하기 시작했습니다. 그 후 첫 몇 초 동안에는 물질이 다양한 진화 단계를 거치면서 여러 가지 입자들이 형성되고 사라졌습니다. 여기서 물리학 최대의 큰 미해결 문제가 등장합니다. 사라진 반물질 미스터리죠.

반물질antimatter은 1928년에 폴 디랙이 그 존재를 예측했고, 몇 년 후에 칼 앤더슨Carl Anderson에 의해 우주선宇宙線 속에서 발견됩니다. 우주선은 우주에서 들어오는 고에너지 입자로 주로 지구 상층대기 속에 있는 산소 및 질소 분자와 충돌해서 소나기처럼 쏟아지는 2차 입자를 만들어냅니다. 그 안에는 전자의 반입자인 양전자가 들어 있죠. 모든 물질입자(페르미온)는 거울상의 반물질 짝을 갖고 있습니다.◆ 전자와 양전자가 만나면 서로를 완전히 소멸시키며 그 질량은 $E = mc^2$ 방정식을 통해 순수한 에너지로 전환됩니다.

제일 작은 양자세계에서는 이 소멸의 반대 과정도 계속

◆　앞서 말했듯 광자처럼 물질입자가 아닌 매개입자를 보손이라고 하며, 이런 입자들은 엄밀히 따지면 반입자가 존재하지 않습니다.

적으로 일어나고 있습니다. 양자세계를 확대해서 볼 수 있다면 입자와 그 반입자가 물질과 에너지 사이를 지속적으로 오가며 계속 나타났다 사라지는 모습이 보일 것입니다. 전자기에너지 덩어리에 불과한 광자는 '쌍생성pair creation'이라는 과정을 통해 전자와 양전자로 바뀔 수 있습니다. 하지만 입자와 반입자가 나타나고 사라지던 아주 초기의 고밀도 우주에서 무슨 이유인지 반물질보다 물질이 우세해졌습니다. 우리가 여기에 존재한다는 사실 자체가 분명 그런 일이 일어났었다는 증거입니다. 이 사라진 반물질에 대체 어떤 일이 있었던 것인지 우리는 아직 알지 못합니다. 그것이 없어진 덕분에 오늘날 우리가 보는 풍성한 물질 세계가 존재할 수 있게 됐지만요.

빅뱅이 있고 몇 분 후에는 양성자(수소의 원자핵)의 융합으로 헬륨◆◆과 소량의 리튬(3번 원소)이 만들어질 수 있는 조건이 형성됐습니다. 우주가 거기서 더 냉각되자 가벼운 원소가 융합해서 더 무거운 원자핵을 만들 수 있는 문턱값threshold 아래로 온도와 압력이 떨어졌습니다. 핵융합이 일어나려면 융합하는 원자핵이 양전하 간의 반발력을 극복할 수 있을 정도로 에너지

◆ ◆   엄밀히 말하면 여기에는 양성자가 베타붕괴를 일으켜 중성자가 되는 등 몇 가지 단계가 중간에 들어갑니다.

가 강해야 하는데, 물질의 밀도와 온도가 어느 아래로 떨어지면 그런 강한 에너지가 나오지 않습니다.

재결합의 시대가 지나고 잠시 후에 원자들이 중력의 영향으로 뭉치기 시작했습니다(여기서는 암흑물질이 결정적인 역할을 했지만 그 이야기는 참았다가 8장에서 자세히 다루겠습니다). 그리하여 원시 가스구름, 즉 원시은하proto-galaxy가 형성되기 시작했습니다. 그 안에 있던 밀도가 더 높은 가스 덩어리는 중력에 의해 훨씬 극적으로 뭉쳐졌습니다. 그 과정에서 핵융합 과정이 다시 시작될 수 있을 정도로 가스가 가열됐죠. 이렇게 항성이 점화되었고, 그 안에서 일어나는 열핵반응으로 탄소, 산소, 질소 외에 오늘날 지구에 존재하는 다른 많은 새로운 원소가 만들어졌습니다.

우주에서 탄생한 1세대 항성들은 대부분 더 이상 존재하지 않습니다. 오래전에 초신성supernova으로 폭발해서 사라지고 없기 때문입니다. 그때 그 안에 있던 원소들이 우주 공간으로 흩뿌려졌고, 그 뒤로는 중성자별neutron star이나 블랙홀의 형태로 응축된 물질만 남았습니다. 더 무거운 원소, 즉 주기율표에서 철 다음에 오는 원소들은 신성nova, 초신성, 중성자별 합병 같은 격렬한 사건 속에서만 만들어질 수 있습니다. 항성 내부의 조건이 뜨겁고 극단적일수록 핵합성nucleosynthesis 과정도 더 높은 단계까지 일어나 은, 금, 납, 우라늄같이 더 무거운 원소가 형성될 수 있습니다. 항성이 삶의 마지막 격렬한 순간에 가야만 그 내부가 더 무거운 원소를 만드는 데 필요한 온도와 밀도에 도달하기 때문이죠. 마지막 단계에 가면 항성의 내부는 고밀도로 압축되고 그와 동시에 바깥층은 격하게 떨어져 나갑니다.

폭발하는 항성에서 분출되어 나온 물질은 성간가스와 섞입니다. 이 성간가스가 다시 뭉쳐서 새로운 세대의 항성을 만들죠. 지구에서 그런 무거운 원소들이 발견된다는 사실은 우리의 항성인 태양이 적어도 2세대 항성이라는 것을 암시합니다. 우리 모두는 말 그대로 '별의 먼지stardust'로 만들어졌다는 이야기가 그래서 나오는 것이죠. 실제로 우리 몸속 원자 중에는 그렇게 항성의 내부에서 만들어진 것이 많거든요.

이제 우주에서 물질이 어떻게 형성되었고, 물질과 에너지, 시간과 공간이 서로 얼마나 긴밀한 관계에 있는지 어느 정도 이해가 되셨겠죠. 그럼 이제 미시세계로 뛰어들 준비가 됐습니다. 이곳은 일반상대성이론으로는 기술할 수 없는 아주 작은 것들의 세계죠. 드디어 물리학의 두 번째 기둥, 양자역학을 탐구할 차례입니다.

5

양자세계

1799년, 런던왕립학회 회장이었던 조지프 뱅크스Joseph Banks는 '영국왕립과학연구소Royal Institution of Great Britain'라는 새로운 기관을 창립합니다. 이 기관의 목적은 유용한 기계를 발명, 계량하고 일반 대중을 대상으로 철학 강좌와 공개 실험을 진행하는 것이었습니다. 그 후로 영국왕립과학연구소는 지속적으로 대중강연과 행사를 진행해왔고, 그중에는 패러데이 강당 Faraday lecture theatre에서 열리는 '금요일 저녁 강연Friday Evening Discourses'도 있습니다. 이것은 마이클 패러데이Michael Faraday가 1826년에 직접 개설한 강연으로, 그 뒤 이 프로그램에서 빠질 수 없는 부분으로 자리 잡게 됐죠. 저도 그 연단에 두 번 오르는 영광을 누렸습니다. 그중 두 번째 강연은 2013년에 있었는데, 이 5장의 주제인 양자역학에 대해 이야기했습니다.

양자역학은 인간이 고안한 과학이론 중에 가장 흥미진진하면서 동시에 가장 난해한 이론으로 정평이 나 있습니다. 영국왕립과학연구소에서 강연할 때 저는 그 유명한 이중슬릿 실험에 대한 이야기를 꺼냈습니다. 미국의 물리학자 리처드 파인만Richard Feynman은 이 실험을 '양자역학의 핵심 미스터리'라고 불렀죠. 저는 우선 이중슬릿 실험의 결과가 얼마나 놀라운 것인지 간략히 설명했습니다. 이 실험에서 아원자입자를 2개의 좁은 슬릿이 뚫려 있는 스크린으로 하나씩 차례로 발사하면, 마치 각각의 입자가 양쪽 슬릿을 동시에 통과한 것처럼 행동해서 두 번째 스크린에 간섭무늬를 만들어냅니다. 그때 저는 청중에게 도전장을 던졌습니다. 어떻게 이런 일이 가능한지 상식적으로 설명할 수 있는 사람이 있으면 노벨상은 따놓은 당상이니 저에게 꼭 연락해달라고 말이죠.

사실 가벼운 농담으로 던진 이야기였습니다. 수십 년 동안 논쟁이 벌어지고 수백 건의 기발한 검증을 거쳤음에도, 이 고전적인 연구 결과를 간단히 설명할 방법을 아무도 찾지 못했으니까요. 물리학자들은 그 안에서 어떤 일이 일어나고 있든지 간에 상식적으로는 절대 설명할 수 없다고 마지못해 결론을 내리게 됐죠. 양자세계에서는 물질이 실제로 그렇게 행동합니다. 우리는 그냥 그것을 받아들이는 수밖에 없죠. 저는 속으로 또 이렇게 가정하고 있었습니다. 이렇게 던진 도전장을 그저 그 금요일 저녁에 영국왕립과학연구소의 강당을 채우고 있던 청중만 받아볼 것이라고 말이죠. 하지만 영국왕립과학연구소에서는 교육자료 중 많은 부분을 온라인에도 게시합니다. 그래서 제 강연도 게시물로 올라갔죠. 그 후로 저는 자신이 양자역학의 이 핵심 미스터리를 해결했으며, 물리학자들이 이런저런 메커니즘이나 세부 사항을 깜박한 것 같다고 주장하는 아마추어 과학자들로부터 수백 통의 이메일을 받았습니다.

처음에는 답장을 보내기도 했지만 솔직히 말하면 이제는 안 보냅니다. 양자역학의 미스터리를 두고 아직도 골치를 썩는 사람들에게 답장하지 않은 것을 사과하는 의미로, 양자역학에서 가장 중요하고 직관에 어긋나는 특성들에 대해 설명해보겠습니다. 여기서는 물리학의 두 번째 기둥인 양자역학이 미시세계에 대해 무엇을 말하고 있는지 간단히 살펴보겠습니다. 제가 양자역학의 연구와 응용에 몸을 담은 지도 40년째로 접어들었습니다. 처음에는 핵물리학을 연구했고, 최근에는 분자생물학을 연구하고 있습니다. 그러니 제 입에서 양자역학이야말로 모든 과학에서 가장 막강하고 중요한 이론이라는 소리가 나와도 놀라지는 않으시겠죠. 결국 양자역학은 많은 물리학과 화학 분야의 토대고, 세상이 가장 작은 구성요소로부터 어떻게 구축되었는지에 관한 이해를 혁명적으로 바꾸어놓았습니다.

양자역학의 기초

19세기가 저물 무렵에는 물리학이 완성된 듯 보였습니다. 물리학은 뉴턴역학, 전자기학, 열역학을 만들어냈고, 이 세 가지 영역이면 포탄의 궤적부터 시계, 폭풍, 증기기관, 자석, 모터, 진자, 행성까지 크기에 상관없이 모든 물체의 운동과 행동, 주변에서 접하는 거의 모든 현상을 성공적으로 설명할 수 있음을 보여줬죠. 이 모든 것을 연구하는 학문을 통틀어 '고전물리학'이라고 합니다. 아직도 우리가 학교에서 배우는 내용은 주로 고전물리학이죠. 고전물리학이 꽤 뛰어난 것은 사실이었지만 모든 것을 설명하지는 못했습니다. 물리학자들이 물리학의 미시 구성성분인 원자와 분자로 관심을 돌리자, 기존 물리학으로는 설명할 수 없는 새로운 현상들이 발견됩니다. 지금껏 사용해왔던 법칙과 방정식이 그곳에서는 더 이상 효력이 없어 보였죠. 물리학이 천지개벽 같은 패러다임 변화를 겪을 때가 왔던 것입니다.

이론물리학에 처음 등장한 중요한 돌파구였던 양자 개념은 독일의 물리학자 막스 플랑크Max Planck가 제안했습니다. 1900년 12월에 있었던 강의에서 그는 뜨거운 물체가 방출하는 열에너지는 그 원자가 진동하는 진동수frequency와 관련이 있고,

결과적으로 그 복사열이 연속적이지 않고 덩어리져 있다는, 즉 별개의 에너지 꾸러미로 방출된다는 혁명적인 아이디어를 내놓았죠. 이 에너지 덩어리는 '양자quantum'라고 부르게 됐습니다. 몇 년 후에 아인슈타인은 덩어리로 방출되는 것이 플랑크의 복사뿐만이 아니며, 빛을 포함한 모든 전자기 복사가 개별적인 양자로 방출된다는 주장을 펼쳤습니다. 지금은 빛의 양자, 즉 빛에너지입자를 '광자photon'라 부릅니다.

빛이 본질적으로 양자라는 아인슈타인의 제안은 막연한 짐작에서 나온 것이 아니었습니다. 이것은 당시 가장 큰 과학적 미스터리 중 하나였던 광전효과를 설명해주었죠. 광전효과photoelectric effect란 빛을 금속 표면에 비추면 금속 원자에서 전자가 튀어나오는 현상을 말합니다. 빛이 파동이라면 이 현상을 설명할 수 없습니다. 그랬다면 빛의 강도(밝기)를 올리면 빛의 에너지가 증가해서 금속에서 떨어져 나오는 전자가 더 빠른 속도로 튀어나와야 하는데 그렇지 않았거든요. 속도는 똑같고 튀어나오는 전자의 수만 많아졌습니다. 하지만 아인슈타인의 제안대로 빛의 에너지가 강도가 아니라 진동수에 비례한다면, 빛의 진동수를 높이면(예를 들면 가시광선에서 자외선으로) 전자가 더 많은 에너지를 가지고 떨어져 나오게 만들 수 있을 것입니다. 역으로 빛의 진동수(색깔)는 그대로 두고 밝기만 올린다면, 광자만 더 많이 만들어져 떨어져 나오는 전자의 수만 많아질 겁니다. 이것은 실험 내용과 정확히 일치했고, 아인슈타인의 설명은 아름답게 맞아떨어졌습니다.

그래도 여전히 빛이 입자보다는 파동으로 이루어진다는 증거가 많습니다. 그럼 대체 빛은 무엇으로 만들어지는 걸까요? 파동일까요, 입자일까요? 다소 실망스럽고 직관과 상식에 위배되는 대답이지만, 빛은 파동과 입자의 성질을 모두 지니고 있습니다. 우리가 그것을 어떻게 보느냐에 따라, 또 그것을 탐구하기 위해 어떤 실험을 하느냐에 따라 다른 성질이 드러나죠.

이런 이중적 속성을 갖는 것은 빛뿐만이 아닙니다. 전자 같은 물질의 입자도 파동의 속성을 나타낼 수 있습니다. 이제 거의 100년에 걸쳐 검증과 확인이 이루어진 이런 일반적 개념을 '파동-입자 이중성wave-particle duality'이라고 하는데, 이것은 양자역학의 핵심 개념 중 하나로 자리 잡았습니다. 그렇다고 전자가 동시에 입자이면서 파동이라는 의미는 아닙니다. 입자 같은 속성을 검증하려는 실험을 하면 실제로 입자처럼 운동하지만, 파동 같은 속성(회절, 굴절, 파동간섭 등)을 갖는지 검증하는 실험을 하면 파동처럼 운동하는 모습을 볼 수 있다는 의미죠. 다만 전자의 파동 같은 속성과 입자 같은 속성을 동시에 보여줄 수 있는 실험은 불가능합니다. 여기서 절대적으로 강조하고 넘어가야 할 부분이 있습니다. 양자역학은 이런 실험의 결과를 올바르게 예측해주지만, 전자의 본질이 무엇인지는 말해주지는 않는다는 것입니다. 그저 전자의 본질을 입증하기 위해 어떤 실험을 수행했을 때 무엇을 보게 될 것인지만 말해줄 뿐입니다. 이런 상황에서 물리학자들이 분노로 미쳐버리지 않는 이유는 딱 하나, 이 사실을 받아들이는 법을 배웠기 때문입니다. 전자의 입자 같은 속성(공간 속 위치)과 파동 같은 속성(운동하는 속도)에 대해 우리가 동시에 알 수 있는 부분이 어디까지인지는 하이젠베르크Heisenberg의 '불확정성 원리uncertainty principle'에 따르죠. 이 원리는 과학 전체에서 가장 중요한 개념 중 하나로 인정받고 있으며, 양자역학의 초석입니다.

불확정성 원리는 우리가 측정하고 관찰할 수 있는 것에 한계를 두고 있지만 많은 사람이, 심지어는 물리학자들까지도 그 의미를 잘못 이해하는 경향이 있습니다. 물리학 교과서에 나와 있는 바와 달리, 양자역학의 형식주의는 전자가 동시에 정확한 위치와 정확한 속도를 가질 수 없다고 말하지 않습니다. 다만 우리가 양쪽 성질을 동시에 알 수 없다고만 말하고 있죠. 흔히 오해하는 부분이 또 있습니다. 인간의 의식이 양자역학에서 분명 핵심적인 역할을 하고 있다는 것이죠. 우리의 의식이 양자세계에 영향을 미칠 수 있다거나, 심지어 우리가 측정할 때 비로소 그 대상이 존재하게 된다는 등의 주장입니다. 이것은 말도 안 되는 이야기입니다. 우리 우주는 양자 수준의 기본 구성요소에 이르는 모든 것이 지구에 생명이 탄생하기 전부터 존재해왔습니다. 인간이 등장해서 측정을 통해 실재하게 해줄 때까지 존재와 비존재 사이의 어중간한 상태에서 기다리고 있지는 않았다는 말이죠.

1920년대 중반 무렵 물리학자들은 '양자화quantization'라는 개념이 그저 빛의 '덩어리 성질'이나 물질의 '파동 성질'을 넘어서 더 보편적이라는 사실을 깨닫기 시작했습니다. 우리에게 연속적인 것으로 익숙한 많은 물리적 속성이 아원자 척도까지 들어가보면 사실은 불연속적(아날로그가 아니라 디지털)입니다. 예를 들면 원자에 묶여 있는 전자들은 불연속적인 특정 에너지 값들만 가질 수 있고, 이 불연속적인 값 사이의 에너지는 절대 가질 수 없다는 점에서 양자화되어 있습니다. 이런 특성이 없었다면 전자가 핵 주변 궤도를 도는 동안 계속해서 에너지가 새나갔을 것입니다.♦ 그럼 원자가 불안정해져서 생명을 비롯한 복잡한 물질도 존재할 수 없었겠죠. 양자역학 이전의 19세기 전자 기론을 그대로 따른다면 음전하를 띤 전자는 양전하를 띤 원자

♦　여기서 사용한 궤도라는 용어는 사실 틀린 것입니다. 원자는 미니 태양계가 아니고, 전자도 태양 주변을 도는 작은 행성처럼 국소화된 입자가 아니기 때문이죠.

핵을 향해 나선을 그리며 추락해야 합니다. 하지만 전자의 에너지 상태가 양자화된 덕분에 그런 일은 일어나지 않죠. 어떤 양자 규칙은 전자가 어느 에너지 상태를 차지하고, 원자 안에서 어떻게 배열될지도 정해줍니다. 이렇듯 양자역학 규칙들은 원자들이 어떻게 결합해서 분자를 이루는지도 규정하기 때문에 양자역학이야말로 모든 화학의 토대라 할 수 있습니다.

전자는 올바른 양의 에너지를 방출하거나 흡수함으로써 에너지 상태 사이를 뛰어넘을 수 있습니다. 두 상태 사이의 에너지 차이와 정확히 같은 값의 전자기 에너지 양자(광자)를 방출함으로써 더 낮은 상태로 뛰어내려올 수 있죠. 마찬가지로 적절한 에너지를 가진 광자를 흡수함으로써 높은 에너지 상태로 뛰어올라갈 수도 있습니다.

원자 척도와 그보다 더 작은 척도의 초현미경적 세계는 우리에게 익숙한 일상세계와 아주 다릅니다. 우리가 진자나 테니스공, 혹은 자전거나 행성 같은 물체의 역학을 기술할 때는 무수히 많은 원자로 구성된 '계'를 다루는 것입니다. 이런 계는 양자 영역의 애매모호함과는 거리가 멀죠. 그 덕분에 우리는 이런 물체의 행동 방식을 고전역학과 뉴턴의 운동 방정식을 이용해 연구할 수 있습니다. 이 방정식에서 나오는 해는 물체의 정확한 위치, 에너지, 운동 상태 등을 나타냅니다. 이런 것들은 어느 때

든 동시에 알 수 있죠.

하지만 양자 척도에서 물질을 연구하고 싶을 때는 반드시 뉴턴역학을 포기하고 양자역학의 아주 다른 수학을 이용해야 합니다. 보통 슈뢰딩거 방정식Schrödinger's equation을 풀어서 '파동함수wave function'라는 양을 계산하죠. 파동함수는 개별입자가 명확한 경로를 따라 움직이는 방식을 기술하는 것이 아니라, 그 양자 상태quantum state가 시간의 흐름 속에서 변화하는 방식을 기술합니다. 파동함수는 단일입자나 입자군의 상태를 기술할 수 있고, 그 값은 확률을 알려줍니다. 예를 들면 어떤 속성을 측정했을 때 그 속성이나 공간 속 위치를 가진 전자를 발견할 확률 말이죠.

파동함수는 공간 속 하나 이상의 지점에서 값을 갖습니다. 이러한 사실 때문에 우리가 전자를 측정하지 않을 때는 전자자체가 물리 공간에 퍼져 있다고 잘못 이해하는 경우가 많습니다. 하지만 양자역학은 우리가 바라보지 않을 때 전자가 어떻게 운동하는지 말해주지 않습니다. 우리가 바라보았을 때 무엇을 보게 될지만을 말해주죠. 여전히 의심이 가시지 않는 사람이 있을 테지만, 괜찮습니다. 여러분을 안심시키려고 한 말이 아니니까요. 의욕을 꺾어놓으려고 한 말은 더더욱 아닙니다. 그냥 양자역학의 의미에 관해서 모든 물리학자들이 동의하는 부분을 말한 것뿐입니다.

　　이것 말고도 양자세계의 본질을 설명하는 방법은 많습니다. 이런 것을 양자역학의 '해석interpretation'이라고 하죠. 양자역학이 등장한 이후로 서로 다른 해석을 옹호하는 사람들 사이의 논쟁은 언제나 뜨거웠고, 지금도 잦아들 기미가 보이지 않습니다.

이 모든 것의 의미는?

　　양자역학은 놀라운 성공을 거두었습니다. 하지만 미시세계에 대해 그것이 말해주는 내용을 조금만 깊게 파고들어가면 우리 정신은 쉽게 길을 잃고 헤매고 맙니다. 우리는 스스로에게 질문을 던집니다. "하지만 대체 어떻게 그럴 수가 있지? 내가 이해 못 하는 거라도 있나?" 사실 그 누구도 확실히 알지 못합니다. 심지어 더 이해해야 할 부분이 있는지 여부도 모릅니다. 물리학자들은 양자세계를 기술할 때 '이상한', '기이한', '직관에 어긋나는' 같은 표현을 사용하는 경향이 있습니다. 이론은 대단히 정확하고 수학적으로 논리적이지만 그 수, 기호, 놀라운 예측 능력은 가면일 뿐입니다. 그 가면 뒤에는 일상세계에 대한 세속적이고 상식적인 관점과 양립하기 어려운 실재가 숨어 있죠.

하지만 이런 곤경에서 빠져나갈 방법이 있습니다. 양자역학은 아원자세계를 기가 막히게 잘 기술하고 완벽하고 막강한 수학적 틀 위에 구축되었으니, 그 규칙을 이용해서 세상을 예측하고 기술을 발명하는 데서 만족하면 됩니다. 손을 부들부들 떨고 머리카락을 쥐어뜯으면서 본질을 고민하는 문제는 철학자들에게 넘겨주는 것이죠. 결국 현대의 전자공학을 창조할 수 있게 해준 양자역학의 발전이 없었더라면, 지금 제가 사용하는 이 컴퓨터도 존재할 수 없었겠죠. 하지만 이런 실용적인 태도는 양자역학을 그저 기계적으로 받아들이게 합니다. 양자세계가 어떻게, 왜 그렇게 작동하는지는 신경 쓰지 않고 그냥 그런가 보다 하며 넘어가게 만들죠. 물리학자가 그래서는 안 된다고 온몸의 모든 세포들이 들고 일어서는 것 같네요. 세상을 기술하는 것이 물리학자의 임무가 아니던가요? 그 방정식과 기호에 대한 해석이 빠진 양자역학은 그저 실험 결과를 계산하고 예측할 수 있게 해주는 수학적 틀에 불과합니다. 그래서는 안 되죠. 물리학은 우리가 얻은 실험 결과가 알려주는 세상의 본질을 설명하는 학문이어야 합니다.

많은 물리학자들이 이 진술에 동의하지 않을 것입니다. 이 문제는 과학 역사상 가장 위대한 사상가 중 한 명인 '양자역학의 아버지' 닐스 보어Niels Bohr로 거슬러 올라갈 수 있습니다. 그의 영향력이 어찌나 막강했는지 저도 이 글을 쓰면서 제 위대한 영웅 중 한 명을 배신하고 있다는 일종의 죄책감이 듭니다. 그래도 저의 신념을 솔직히 밝혀야겠습니다. 분명 보어의 철학적 관점은 양자역학에 대한 여러 세대 물리학자들의 사고방식에 큰 영향을 미쳤습니다. 하지만 점점 더 많은 사람들이, 그의 관점은 양자역학의 발전을 억누르고 좌절시켜왔다고 생각하게 됐죠. 보어는 물리학의 임무는 자연의 본질을 찾아내거나 '현상의 정수'를 알아내는 것이 아니라고 생각했습니다. 그보다는 자연에 대한 우리의 견해, 즉 '경험의 측면'에 대해서만 관심을 가져야 한다고 주장했죠. 존재론적인 전자의 관점과 현상학적인 후자의 관점은 서로 상반되지만 사실 둘 다 옳습니다. 양자의 척도라고 해도 물리학자는 자연의 본질과 동일한 내용을 말할 수 있어야 합니다. 아니면, 언제나 한없이 노력하며 그 본질에 최대한 가까워지려 해야 하죠. 이따금 진지하게 의심에 빠질 때도 있지만 저는 결국에는 항상 이런 실재론*의 관점에 서게 되더군요.

한편 과학이론으로서 양자역학이 갖는 힘과 성공에 초

---

*   인식의 대상이 인식, 주관과 독립해서 객관적으로 존재한다고 믿는 견해를 말합니다.

점을 맞추지 않고, 그 기이함만 강조한다면 어둠 속에 도사리는 위험과 맞닥뜨릴 수 있습니다. 그러다 보면 밝은 불빛에 나방이 꼬이듯이 사기꾼들이 몰려들기 때문입니다. 도저히 불가해한 양자역학의 예측들, 예를 들면 서로 떨어져 있는 입자들이 공간을 가로질러 즉각적으로 연결되어 있다는 얽힘 같은 개념은 오랫동안 텔레파시에서 동종요법homepathy *에 이르는 온갖 사이비과학이 창궐할 수 있는 비옥한 토양이 되어주었습니다. 여러 세대의 물리학자들이 보어의 실용적인 도그마를 따르도록 훈련받았습니다. 그 도그마를 보어의 유명한 이론물리학연구소 Institute for Theoretical Physics(현재의 닐스보어연구소)가 자리 잡고 있는 도시의 이름을 따서 '양자역학의 코펜하겐 해석Copenhagen interpretation of quantum mechanics'이라고 하죠. 이 연구소에서는 1920년대 중반에 양자역학이론 초기의 수학적 기반을 마련했습니다. 이런 태도에는 양자역학에 대한 철학적 사색이 뉴에이지 헛소리로 변질되는 것을 막으려는 목적도 있었습니다.

여러 세대의 모든 물리학도들과 마찬가지로 저도 양자역학에 입문할 때 제일 먼저 양자역학의 역사적 기원과 플랑크,

---

* 질병과 비슷한 증상을 일으키는 물질을 극소량으로 사용하여 병을 치료할 수 있다고 주장하는 치료법입니다.

아인슈타인, 보어 같은 인물들의 연구에 대해 배웠습니다. 하지만 교육 내용이 양자역학이론을 이용하는 데 필요한 수학적 기법(도구)을 배우는 쪽으로 금방 넘어갔죠. 그다음 수학과 함께 양자역학 창시자들의 이름을 딴 개념들을 잔뜩 배웠습니다. 보른규칙Born's rule, 슈뢰딩거 방정식, 하이젠베르크의 불확정성 원리, 파울리 배타원리Pauli exclusion principle, 디랙 표기법Dirac notation, 파인만 도표Feynman diagrams 등 끝도 없습니다. 양자세계를 이해하려면 이런 것들이 모두 중요하죠. 하지만 이 모든 위대한 물리학자들 사이에서 벌어졌던 철학적 논쟁에 대해서는 배우지 못했습니다. 이런 논쟁은 그들이 살던 내내 계속되었고 대체로 지금도 해결되지 않은 상태로 남아 있습니다.

양자역학 해석에 따르는 어려움의 중심에는 소위 '측정 문제measurement problem'가 자리 잡고 있습니다. 측정 문제란 '어떻게 양자세계는 우리가 측정하는 순간 그렇듯 분명하게 드러나게 되는가?'입니다. 양자세계와 고전적 세계 사이의 경계는 어디일까요? 제멋대로 내버려둔 상태에서는 명확하게 정의된 속성을 가지고 있지 않은 것들이, 우리가 측정하고 바라보는 순간 명확한 실체를 가진 존재로 드러납니다. 그 차이는 무엇일까요? 양자역학의 창시자 중 닐스 보어, 베르너 하이젠베르크, 볼프강 파울리Wolfgang Pauli 등 많은 물리학자가 그런 문제에 대해

걱정하는 것은 무의미하다고 믿고 코펜하겐 해석을 따르는 것을 옹호했습니다. 이들은 양자적 행동과 고전적 행동, 이렇게 2개로 세상을 나누는 데 만족했습니다. 측정했을 때 한 세상이 어떻게 다른 세상으로 옮겨가는지 확실히 못 박으려 하지 않았죠. 그들이 보기에 양자역학은 제대로 작동했고, 그것으로 충분했습니다. 하지만 이런 실증주의적 태도가 과학의 발전을 저해할 수 있습니다. 실증주의*는 일부 현상을 더 잘 이해하고 새로운 기술을 발전시키는 데는 도움이 되지만, 진정한 이해를 도와주지는 않습니다.◆

과학의 역사를 되짚어보면 이런 태도를 여기저기서 찾아볼 수 있습니다. 제일 분명하게 드러나는 경우는 고대 우주론입니다. 고대부터 현대 과학이 탄생하기 이전까지 2000년 동안 천동설이 전체적으로 헤게모니를 장악해서 사람들에게 널리 받아들여졌습니다. 지구가 우주의 중심에 있고 태양과 모든 행성과 별이 우리 주위를 돌고 있다는 것이었죠. 당시의 실증주의자

*   19세기 후반 서유럽에서 나타난 철학적 경향으로, 형이상학적 사변을 배격하고 사실 그 자체에 대한 과학적 탐구를 강조합니다.

◆   물론 코펜하겐 해석을 지지하는 사람들은 이 부분에서 저와 의견이 크게 엇갈립니다. 그들은 자신이 양자역학이 말할 수 있는 것과 말할 수 없는 것에 대해 이해해야 할 부분은 모두 이해하고 있으며, 다만 실재론자들이 이 사실을 받아들이기를 거부하거나 납득하지 못하는 것이라 주장합니다.

들은 이렇게 주장했을 겁니다. "이 모형은 천체의 운동을 잘 예측하고 있으니까, 그 천체들이 어째서 우리 눈에 보이는 방식으로 하늘을 가로지르는지 설명할 다른 대안은 필요 없다." 코페르니쿠스의 지동설이 올바르고 더 간단한 모형이었음에도, 당시에는 천동설이 천체 관찰과 더 정확하게 맞아떨어졌습니다. 하지만 그냥 제대로 작동한다는 이유만으로 이론을 특정 방식으로 해석하는 것은 지적으로 게으른 일입니다. 분명 물리학 본연의 정신과도 어긋나죠. 양자역학도 마찬가지입니다. 저명한 양자물리학자 존 벨John Bell이 한 유명한 말이 있죠. "물리학의 목적은 세상을 이해하는 것이다. 양자역학을 하찮은 실험실 조작으로만 국한한다면, 그것은 위대한 학문에 대한 배신이다."

슬픈 일이지만 오늘날까지도 너무 많은 물리학자가 이 점을 제대로 이해하지 못하고 있습니다. 이는 철학이 한낱 무의미한 사색이 아니며, 과학의 발전에 기여할 수 있음을 보여주는 또 다른 논거라 할 수 있죠. 적어도 이런 문제에 관심이 있는 양자물리학자들을 대상으로 여론조사를 해보면, 그 비율이 줄어들고는 있지만 상당히 많은 사람이 여전히 실용주의적인 코펜하겐 학파의 관점을 받아들이고 있습니다. 하지만 점점 더 많은 사람이 그것은 물리학의 역할을 포기하는 것이라 여기고, 대신 몇 가지 대안적 해석을 지지하죠. 여기에 해당하는 것으로는 '다중세계 해석many worlds interpretation', '숨은 변수 해석hidden variables interpretation', '동적붕괴 해석dynamical collapse interpretation', '정합적 역사 해석consistent histories interpretation', '관계적 해석relational interpretation' 등 이름도 특이한 개념들이 있습니다. 이것 말고도 또 다른 이론이 많지요. 하지만 양자 척도에서 실재를 기술하는 이 서로 다른 방식들 중 어느 것이 올바른지, 올바른 것이 있기나 한지는 누구도 알 수 없습니다. 이런 해석들은 모두 작동합니다. 지금까지는 모두 실험 결과 및 관찰에 대해 동일한 예측을 내놓고 있습니다.◆ 그리고 모두 동일한 수학으로부터 등장하죠. 때로는 이 서로 다른 해석의 지지자들이 자신의 해석을 독단적으로 옹호하면서 자기가 좋아하는 버전을 거의 종교 취급합니다. 이래서야 과학이라 할 수 없죠.

양자세계를 이해하기 위한 노력은 그 진척이 느립니다. 실험 기술이 훨씬 정교해지면서 일부 설명은 배제되고 있죠. 부디 언젠가는 자연이 어떻게 양자세계에서 그런 재주를 부리는지 알아낼 수 있으면 좋겠습니다. 이런 바람이 당연한 기대로 들리겠지만 이에 반대하는 물리학자들도 많습니다. 실증주의자들은

◆ 이 중 자발적 붕괴 모형spontaneous collapse model 등의 일부 실재론적 해석은 다른 해석에서 내놓지 않는 예측을 내놓고 있으며 원칙적으로 검증이 가능합니다.

과학은 실험 결과를 예측하는 도구에 지나지 않는다고 주장합니다. 양자역학이 실재에 대해 전하는 이야기가 무엇인지 고민하느라 수학에 필요 이상으로 많은 의미를 부여하는 사람에게는 물리학보다는 철학이 어울린다고 말하죠. 공평하게 말하자면, 더 깊숙이 진리를 파고들어가려는 시도를 이 실증주의적인 코펜하겐 학파 옹호자 모두가 멸시하는 것은 아닙니다. 2000년대 초에 '양자 베이지안주의Quantum Bayesianism', 즉 '큐비즘Qbism'이라는 새로운 반실재론적 해석이 등장하기도 했으니까요. 이 해석을 지지하는 사람들은 실재가 완전히 주관적이며 결국 개인적 경험의 문제라 여깁니다. 반면 비판하는 사람들은 이것을 유아론solipsism*에 비유하기도 하죠.

양자역학의 해석은 그저 철학적 취향에 따라 선택할 문제가 아닙니다. 이 해석들이 세상에 대해 모두 똑같은 예측을 내놓는다고 해서 모든 해석이 동등하다거나, 그냥 마음에 제일 내키는 것으로 아무거나 골라도 된다는 의미는 아니죠. 물리학을 통해 실재의 어떤 측면을 설명하는 것은 두 단계로 이루어진 과정입니다. 먼저 수학적 이론을 찾아냅니다. 이것은 물론 맞을 수

---

* 실재하는 것은 자아뿐이고 다른 모든 것은 자아의 관념이나 현상에 지나지 않는다는 견해입니다.

도, 틀릴 수도 있죠. 만약 이것이 아인슈타인의 일반상대성이론 장 방정식이나 양자역학의 슈뢰딩거 방정식처럼 옳다고 생각된다면, 그다음으로는 이 수학이 의미하는 바가 무엇인지 해석하거나 설명할 방법을 찾아야 합니다. 수학에 이야기를 갖다 붙이는 것이죠. 이런 이야기가 없다면 수학적 기호나 방정식이 미학적으로 아무리 아름답다고 해도, 그것을 우리가 관찰하는 물리적 우주와 연결할 수 없습니다. 올바른 수학적 이론을 찾는 것만큼이나 올바른 이야기를 찾아내는 것이 중요한 이유는 이 때문입니다.

양자역학은 해석에 따라 실재에 대해서도 아주 다른 그림을 그립니다. 해석에 따라 평행우주가 존재하거나(다중세계 해석) 존재하지 않을 수 있습니다. 물리적인 비국소적 양자장(파일럿파 숨은 변수 해석)도 마찬가지죠. 양자역학의 올바른 해석을 두고 우리가 뭐라고 옥신각신하든 자연은 신경 쓰지 않습니다. 그저 자기가 해오던 방식으로 계속 일을 하면서 우리의 지각과는 독립적으로 존재할 뿐이죠. 양자세계가 어떻게 작동하는지를 두고 의견을 하나로 모으는 데 문제가 있다면, 그것은 순전히 우리의 문제일 뿐입니다. 아인슈타인은 그렇게 믿었습니다. 그도 실재론자였죠. 그는 물리학의 핵심은 세상이 실제로 어떻게 존재하는지 기술하는 것이라 믿었고, 양자역학의 수학과 맞아떨어지는 기술이 하나 이상이라면 하나에서 만족하면 안 된다고 생각했습니다. 이 점에 대해 저도 같은 생각입니다.

얽힘, 측정, 결잃음

천하의 아인슈타인이라도 틀릴 때가 있었습니다. 양자역학에서 내놓은 가장 심오하고 불가해한 예측 중 하나는 '얽힘 entanglement'이라는 개념입니다. 양자세계에서는 2개 이상의 입자가 거의 논리를 거스르듯이 공간을 가로질러 즉각적으로 연결될 수 있습니다. 학술 용어로는 이것을 '비국소성nonlocality'이라고 합니다. '여기서 일어나는 일'이 '저기서 일어나는 일'에 즉각적으로 영향을 미치거나, 그로부터 영향을 받을 수 있다는 말로 요약할 수 있죠. 이 경우 두 입자가 동일한 '양자 상태', 곧 동일한 파동함수로 기술된다고 표현합니다. 아인슈타인은 항상 비국소성과 얽힘이라는 개념을 언짢게 여겼습니다. 그것을 "먼 거리에서 일어나는 유령 같은 작용"이라며 조롱하며, 아원자입자들 사이에서 빛보다 빠른 속도로 소통이 일어날 수 있음을 받아들이지 않았습니다. 특수상대성이론에 어긋나기 때문이었죠. 하지만 원칙적으로는 서로 우주 반대편에 떨어져 있는 입자라도 이런 식으로 연결된 상태일 수 있습니다. 양자역학의 선구자들은 얽힘이 자신들의 방정식에서 자연히 유도되어 나온다는 것을 입증했고, 1970년대와 1980년대에 진행된 실험들은 이 부분에서는 아인슈타인의 생각이 틀렸음을 보여주었죠. 이제 우리는 양자입자가 실제로 즉각적인 원거리 연결이 가능함을 실증적으로 알고 있습니다. 우리 우주는 실제로 비국소적입니다.

오늘날에는 양자광학quantum optics, 양자정보이론quantum information theory, 양자중력 분야에 종사하는 연구자들도 얽힘과 양자역학의 핵심인 측정 문제 사이에 심오한 상관관계가 존재한다는 사실을 이해하고 있습니다. 우리는 먼저 원자 같은 양자계가 실제로는 주변 세상의 일부며, 따라서 엄밀히 말해 그것을 고립된 존재로 취급하면 안 된다는 것을 인정해야 합니다. 계산을 할 때는 주변 환경의 영향을 반드시 포함시켜야 합니다. 이런 '열린 양자계open quantum system'에서는 문제가 훨씬 더 복잡하고 풀기 어려워지지만, 동시에 닐스 보어의 주장을 뛰어넘어 양자계에서의 측정이 무엇을 의미하는지 더 잘 이해할 수 있습니다. 닐스 보어는 양자의 모호함이 우리가 관찰을 수행하는 순간 명확한 실체로 구체화되는 것을 간단하게 '비가역적인 증폭작용irreversible act of amplification'이라고 기술했죠.

사실 지금은 원자 같은 양자계를 둘러싼 환경이 스스로

'측정'을 할 수 있음이 분명해졌습니다. 의식을 갖춘 관찰자가 필요하지 않다는 의미죠. 우리는 원자가 주변 환경과 더 깊숙이 얽히고 있다고 생각할 수 있습니다. 따뜻한 물체에서 열이 새나오듯이 원자의 양자적 본질이 주변 환경으로 새나오는 것이죠. 이렇게 양자적 행동이 흘러나오는 것을 '결잃음decoherence'이라 하고, 이는 현재 활발하게 연구가 진행되는 주제입니다. 양자계와 주변 환경 사이의 결합이 강할수록 얽힘도 더 깊어지고, 그 양자적 행동도 더 빠르게 사라집니다.

일부 분야에서는 이 과정이 과연 측정 문제를 온전히 설명하는지 여부를 두고 여전히 논쟁이 일어나고 있습니다. 측정 문제, 미시적인 양자세계와 거시적인 고전적 세계 사이의 경계 설정 문제 같은 골치 아픈 논쟁거리는 1930년대에 에르빈 슈뢰딩거에 의해 처음으로 유명해졌습니다. 당시 슈뢰딩거는 유명한 사고실험을 고안했죠. 슈뢰딩거는 양자역학 분야의 개척자이자 창시자 중 한 명이었음에도, 양자역학의 의미에 대해 스스로 의혹을 제시했습니다. 그는 방사성물질과 치명적인 독 병이 든 상자 속에 고양이를 집어넣으면 무슨 일이 일어날지 물었습니다. 그 상자는 방사성물질이 입자를 방출하면 그것을 감지한 장치가 병에 든 독을 흘려보내도록 설계되어 있습니다. 상자 뚜껑이 닫힌 동안에는 입자가 방출되어 고양이가 독으로 죽었는지 알 수 없습니다. 우리가 할 수 있는 것은 두 가지 가능한 결과에 확률을 부여하는 것뿐이죠. 가능한 두 가지 결과란 상자를 열었을 때 이미 입자가 방출되어 고양이가 죽어 있는 것과 방출되지 않아 고양이가 여전히 살아 있는 것입니다. 하지만 양자역학의 규칙에 따르면 상자 뚜껑이 닫혀 있는 한 아원자입자는 양자세계의 법칙을 따르기 때문에, 방출된 상태와 방출되지 않은 상태가 동시에 양자중첩quantum superposition ❋이 되어 있다고 봐야 합니다.

지금 뚜껑이 닫힌 상자 안에서 고양이의 운명은 이 양자 사건에 달려 있습니다. 슈뢰딩거는 고양이 자체는 엄청나게 많은 원자로 이루어져 있지만, 그 원자 하나하나는 결국 양자적인 실체이기 때문에 고양이 역시 양자중첩 상태로 존재한다고 주장했습니다. 살아 있으면서 동시에 죽어 있는 상태에 있는 것이죠. 하지만 상자의 뚜껑을 여는 순간에 우리는 명확한 한 가지 결과만을 보게 됩니다. 고양이는 죽었으면 죽었고 살았으면 산 것이지, 그 중간의 어중간한 상태가 아니라는 것이죠.

이 문제를 합리적으로 해결하는 방법이 있습니다. 고양

❋   양자 상태를 측정하기 전에 측정을 통해 나올 수 있는 여러 결과 상태가 확률론적으로 동시에 존재하는 것을 말합니다.

이처럼 복잡한 거시적 물체를 고려할 때는 양자중첩이 주변 환경으로 결잃음해서 사라지기 때문에 오래가지 못한다고 가정하는 것입니다. 고양이는 상자를 열어 확인해보기 전이라도 동시에 두 상태로 존재하는 일이 결코 없다는 말이죠. 사실 완전히 고립된 방사성원자라면 관찰하기 전에는 붕괴한 상태와 붕괴하지 않은 상태 모두 중첩되어 있다고 기술해야겠지만, 이 실험에서 원자는 공기, 고양이, 가이거 계수기Geiger counter** 같은 복잡한 환경에 둘러싸여 있습니다. 방사성원자는 이런 환경과 모두 신속하게 얽힘이 일어나기 때문에 동시에 양쪽 상태로 존재하는 옵션은 오래가지 못합니다.

그럼 문제가 해결됐을까요? 살아 있는 고양이와 죽은 고양이라는 두 가지 선택이 존재한다는 것은, 상자를 열어보기 전에는 고양이의 운명을 알 수 없는 우리의 무지를 반영하고 있을 뿐일까요? 아니라면, 우리는 여전히 상자를 열었을 때 일어나는 물리적 과정을 알아내야 하는 미스터리에서 벗어나지 못한 것입니다. 우리가 보지 못한 상황에는 대체 무슨 일이 일어나는 것일까요? 양자역학의 다중세계 해석을 따르는 사람들은 이

** 이온화 방사선을 측정하는 장치로, 이 사고실험에서는 방사성원자에서 방출되는 입자를 감지하기 위해 사용됩니다.

것을 깔끔하고 단순하게 설명할 방법이 있다고 믿습니다. 각각의 선택이 실현된 두 가지의 평행현실이 존재한다고 주장하거든요. 상자를 열 때 발견하는 결과는 우리가 둘 중 어느 쪽 현실에 존재하는지를 반영한다는 것이죠.

잠재적으로 무한히 많은 평행현실이 존재한다는 개념을 받아들일 준비가 안 된 다른 물리학자들은 다양한 해석들을 내놓았습니다. 이 해석들은 측정 없이도 객관적인 실재가 존재할 것을 여전히 요구하고 있지만, 모두 어딘가에 숨어 있는 실재의 이상한 측면들을 내포하고 있죠. 예를 들어 프랑스의 물리학자 루이 드브로이Louis de Broglie가 1920년대에 처음 만들고, 수십 년 후에 데이비드 봄David Bohm이 발전시킨 또 다른 양자론 해석이 있습니다. 이 해석에 따르면, 양자세계는 파동이 이끄는 입자들로 구성되어 있습니다. 이들의 속성은 우리가 볼 수 없게 숨겨져 있지만(그래서 '숨은 변수'라고 합니다), 표준 코펜하겐 해석에서 보이는 애매모호함 없이 양자세계를 기술합니다. 전자 자체가 우리의 측정 방식에 따라서 파동 같은 속성과 입자 같은 속성을 둘 다 나타내는 것이라기보다는, 전자가 파동이자 입자이지만 우리에게는 입자만 감지되는 것이라는 주장입니다. 소수이기는 하지만 이 해석을 따르는 전 세계의 물리학자들은 이 '드브로이-봄 이론de Broglie-Bohm theory'에서 얻을 것이 많다고 느끼지만, 양자역학 해석으로서 이 이론은 아직 별로 탐구가 이루어지지 않았습니다.

이런 해석들을 살펴보는 것이 흥미롭기는 하지만, 이 주제를 더 심도 있게 다루는 다른 책들도 많이 있으니 지면 관계상 여기까지만 하겠습니다. 어쨌거나 양자역학 해석 문제는 미해결로 놔두겠습니다. 그것이 우리가 현재 처해 있는 상황이기도 하니까요.

지금까지 물질과 에너지의 기본 구성요소, 그것들이 존재하는 시공간, 그 모든 것을 뒷받침하는 실재의 양자적 본성에 초점을 맞추어 이야기를 진행해왔습니다. 그러면서 이런 것들과 마찬가지로 근본적인 다른 물리학 개념들은 못 본 척하고 있었죠. 다수의 입자들이 한데 모여 복잡계를 이룰 때 드러나는 개념들 말입니다. 이제 아주 작은 미시세계는 뒤로 하고 거시세계로 돌아와, 복잡성이 등장하면 무슨 일이 일어나는지 알아보죠. 그리고 질서, 카오스, 엔트로피, 시간의 화살 같은 심오한 개념들을 탐구해보겠습니다.

6

열역학과
시간의 화살

무작위성과 불확실성으로 가득한 양자세계를 뒤로 하니 익숙한 뉴턴의 세계가 선명하게 드러납니다. 김이 모락모락 피어오르는 탁자 위의 커피 한 잔, 방금 이웃집 뒤뜰로 튀어 들어간 공, 머리 위로 높이 날아가는 제트비행기. 생각해보면 이런 것들은 모두 물질과 에너지를 다양한 수준의 복잡성으로 조립해서 만들어낸 계입니다. 따라서 우리 주변에 보이는 세상의 물리학을 이해하고 싶다면 큰 집합으로 모여 있는 입자들이 어떻게 상호작용하고 행동하는지 이해할 필요가 있습니다. 이렇듯 상호작용하는 수많은 물체들의 운동을 이해하도록 도와주는 물리학 영역을 통계역학이라고 합니다.

4장에서 물질과 에너지에 대해 알아볼 때, 한 계 안의 에너지 총량은 변하지 않으면서 에너지가 한 형태에서 다른 형태로 전환될 수 있다는 사실을 다루었습니다. 바닥에서 통통 튀는 공의 에너지는 땅에서 공까지의 높이 때문에 생기는 퍼텐셜에너지와 움직임에서 생기는 운동에너지 사이를 계속 왔다 갔다 합니다. 가장 높이 튀어 오른 상태에서는 에너지가 모두 퍼텐셜에너지로 전환된 상태입니다. 땅과 충돌하기 직전은 제일 빨리 움직이는 상태이자 퍼텐셜에너지가 모두 운동에너지로 전환된 상태죠. 아주 간단해 보입니다. 하지만 우리는 이 공이 영원히 튀지는 않는다는 사실도 알고 있죠. 이 공은 공기와의 마찰, 땅과의 충돌 때문에 열의 형태로 에너지를 잃습니다. 이러한 운동에너지에서 열에너지로의 전환은 운동에너지와 퍼텐셜에너지 사이에 일어나는 전환과 근본적으로 다릅니다. 일방통행의 과정이기 때문이죠. 바닥에 있던 공이 외부에서 아무런 힘도 주지 않았는데 갑자기 열에너지를 흡수해서 튀어 오른다면 우린 깜짝 놀랄 겁니다.

대체 왜 그럴까요? 이런 '일방통행성'은 어디서 온 것일까요?

공이 튀어 오르는 힘을 잃어버리는 이유는 열이 항상 따듯한 커피에서 그보다 차가운 주변 공기로 흐르고 절대 다시 돌아오지 않는 이유, 커피에 녹은 설탕과 크림이 결코 저절로 물과 분리되어 떨어져 나오지 않는 이유와 같습니다. 일반상대성이론, 양자역학과 함께 물리학의 세 기둥 중 하나인 열역학의 세계로 오신 것을 환영합니다. 통계역학은 수많은 입자들이 한 계 안에서 어떻게 상호작용하고 운동하는지에 대해 기술하죠. 이에 비해 열역학은 계의 열과 에너지에 대해, 그것들이 시간의 흐름 속에서 어떻게 변화하는지에 대해 기술합니다. 이 연구 분야들은 서로 아주 깊숙이 연결되어 있기 때문에 물리학자들은 보통 이것들을 함께 배웁니다. 여기서 우리도 함께 살펴보겠습니다.

통계역학과 열역학

공기로 가득 찬 상자를 생각해봅시다. 그 안에서 공기 분자들이 무작위로 충돌하며 튕겨나가고 있습니다. 어떤 분자는 빨리 움직이지만 어떤 분자는 느립니다. 하지만 상자에 가해지는 온도와 압력이 일정하게 유지된다면, 그 안에 들어 있는 에너지의 총량은 일정하게 유지됩니다. 이 에너지는 분자들 사이에서 아주 특정한 방식으로 분포됩니다. 총 가용 에너지가 단순한 통계 규칙에 따라 퍼지죠. 더 뜨거운 공기(더 빨리 움직이는 분자)를 상자에 주입하고 그대로 놔두었다고 해보죠. 새로 들어간 이 분자들은 기존에 있었던 차가운 분자와 무작위로 충돌을 일으킬 것이고, 그 과정에서 그들이 가지고 있던 에너지는 분산됩니다. 뜨거운 분자는 속력이 느려지지만 그와 동시에 차가운 분자들의 속력은 빨라지죠. 결국 공기는 새로운 평형 상태로 다시 정착합니다. 이제 상자 안 임의의 분자는 에너지가 전보다 살짝 더 커졌을 가능성이 크죠. 상자의 전체적인 온도도 살짝 올라갔을 것입니다.

상자 속 에너지가 분자들 사이로 퍼지는 방식은 통계역학 분야를 발전시킨 두 위대한 19세기 과학자의 이름을 따서 '맥스웰-볼츠만 분포Maxwell-Boltzmann distribution'라고 부릅니다. 분포란 분자의 다양한 속력과 각 속력을 갖는 분자의 수를 연관 지어 보여주는 그래프상의 곡선 형태를 지칭합니다. 달리 표현하면, 임의의 분자가 주어진 속력을 가질 확률에 대응하는 점들을 연결한 선이죠. 그럼 분자들이 가질 확률이 가장 높은 특정 속력(최빈속력)이 나오는데, 이것이 이 곡선에서 가장 높은 점에 해당합니다. 분자들이 그보다 빠르거나 느린 속력을 가질 확률은 그보다 낮게 나오겠죠. 상자의 온도가 올라가면 분포의 모양도 달라집니다. 확률 분포의 정점이 속력이 더 높은 쪽으로 움직이죠. 분자들이 맥스웰-볼츠만 분포에 정착하면, 상자 속의 공기가 '열역학적 평형thermodynamic equilibrium'에 도달했다고 말합니다.

통계적 평형 상태를 향해 움직이는 경향은 물리학에서 대단히 중요한 개념과 관련이 있습니다. 바로 '엔트로피entropy'죠. 한 계의 엔트로피는 혼자 내버려두면 항상 증가합니다. 한

계는 항상 질서가 있는 '특별한' 상태에서 뒤섞인 '덜 특별한' 상태로 느슨해진다는 의미이죠. 물리적 계는 태엽이 풀리고, 차갑게 식고, 닳습니다. 이런 성질은 열역학 제2법칙으로 요약되는데, 이 법칙은 결국 통계적 필연을 말합니다. 내버려두면 모든 것은 항상 결국에 가서는 평형 상태로 돌아간다는 것이죠.✱

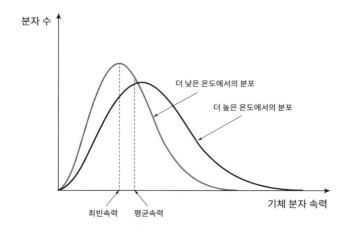

그림 2 ✱ **맥스웰-볼츠만 분포**

상자 속 기체 분자들은 골고루 분포되며 에너지를 나누어 가져 결국 열적평형에 도달하게 됩니다. 분자의 속력에 대한 분자의 수를 그린 곡선을 맥스웰-볼츠만 분포라고 하고, 정점은 최빈속력을 나타냅니다. 기체의 전체 온도가 올라가면 이 정점도 속력이 더 높은 쪽으로 이동합니다. 이때 최빈속력은 평균속력과 같지 않은데, 정점보다 더 높은 속력을 가진 입자가 더 많기 때문입니다.

✱   열역학 제2법칙은 고립계에서 총 엔트로피의 변화는 항상 증가하거나 일정하며 절대로 감소하지 않는다고 설명하고 있습니다.

상자 속 공기의 모든 분자가 한쪽 구석에 무리지은 상태에서 움직이기 시작한다고 상상해봅시다. 이 초기 상태에서는 상자의 엔트로피가 낮습니다. 그 구성요소들이 특별하고 더 질서 있는 상태에 있기 때문이죠. 이것을 그냥 내버려두면 이 분자들이 무작위로 움직이며 퍼져나가 곧 상자 전체를 채우게 될 겁니다. 그리고 분포가 평형 상태에 도달하게 되죠. 뜨거운 분자의 속력이 결국에는 열역학적 평형 상태로 정착되는 것처럼, 상자 속 공기도 퍼져나가면서 낮은 엔트로피 상태에서 높은 엔트로피 상태로 바뀝니다. 공기 분자들이 상자 전체에 골고루 분포되면 엔트로피는 최대가 됩니다.

간단한 비유를 들어보겠습니다. 무늬별로 나뉘어 오름차순으로 정렬된 카드 한 벌은 엔트로피가 낮다고 할 수 있습니다. 대단히 질서정연한 상태에 놓여 있으니까요. 하지만 카드를 섞기 시작하면 이런 질서가 망가집니다. 이것을 엔트로피가 증가한다고 말합니다. 카드를 뒤섞을수록 원래의 질서정연한 배열로 되돌아가기는 점점 더 힘들어집니다. 뒤섞지 않은 카드 한 벌은 배열 순서가 몇 가지밖에 없기 때문이죠. 반면 카드를 뒤섞는 배열 순서는 아주 여러 가지가 있습니다. 따라서 카드 뒤섞기는 한 방향으로만 진행될 가능성이 아주 높습니다. 뒤섞이지 않은 배열 순서에서 뒤섞인 배열 순서로, 낮은 엔트로피에서 높은 엔트로피로 가는 것이죠.

　　엔트로피를 더 흥미롭게 알아보려면, 무언가가 과제 수행에 에너지를 쏟을 수 있는 능력을 살펴보면 됩니다. 계가 평형에 도달하면 쓸모가 없어집니다. 완충된 배터리는 낮은 엔트로피를 갖고 있습니다. 배터리를 사용하면서 엔트로피가 증가하죠. 방전된 배터리는 평형에 도달해서 엔트로피가 높습니다. 여기서 쓸모 있는 에너지와 쓸모없는 에너지의 구분이 생깁니다. 계가 질서가 있고 특별한(낮은 엔트로피) 상태에 있으면 유용한 일을 하는 데 사용할 수 있습니다. 완충된 배터리, 감긴 태엽, 햇빛, 석탄 덩어리에 든 탄소 원자들 사이의 화학적 결합 같은 것이 그런 예입니다. 하지만 계가 평형에 도달하면 엔트로피가 극대화됩니다. 그 안에 들어 있는 에너지는 쓸모가 없죠. 따라서 어떻게 보면 세상을 굴리는 데 필요한 것은 에너지가 아닙니다. 낮은 엔트로피죠. 만약 모든 것이 평형 상태에 놓여 있다면 아무 일도 일어나지 않습니다. 에너지를 한 형태에서 다른 형태로 변화시키기 위해서는, 바꿔 말해서 일을 하려면 저ᄐ엔트로피 상태에 있는 계가 필요합니다.

　　우리는 살아 숨 쉬는 것만으로도 에너지를 소비합니다. 그 에너지는 엔트로피가 낮은 유용한 종류의 것이어야 합니다. 생명은 열적평형과 거리를 두고 자신을 낮은 엔트로피 상태로 유지할 수 있는 계의 한 사례입니다. 본질을 들여다보면, 살아 있는 세포는 우리가 섭취하는 음식의 분자 구조 속에 갇힌 엔트로피가 낮은 유용한 에너지를 수천 가지 생화학 과정을 통해 뽑아먹고 사는 복잡계입니다. 여기서 얻은 화학적 에너지를 이용해 생명의 과정을 유지하죠. 궁극적으로 지구 위에 생명이 가능한 이유는 태양의 저엔트로피 에너지를 먹고살기 때문입니다.

열역학 제2법칙과 엔트로피의 거침없는 행군은 우주 전체에도 적용됩니다. 이제 공기 상자를 은하의 크기로 확장된 차가운 가스구름이라 상상해봅시다. 가스 속의 한 분자 집단이 무작위로 떠돌다가 평균보다 더 가까이 한데 모이게 되었습니다. 그러면 그 사이에서 아주 약한 중력이 상호작용해서 이 분자들을 더 가까이 끌어당겨, 평균보다 더 밀도가 높은 가스 덩어리를 형성할 수 있습니다.◆ 더 많은 가스 분자들이 덩어리로 뭉치면 중력이 더 효과적으로 더 많은 분자를 끌어당길 수 있게 됩니다. 중력에 의한 이런 덩어리 형성 과정은 항성이 형성된 과정을 보여줍니다. 거대한 가스구름이 한곳으로 붕괴되면서 그 영역의 밀도가 열핵융합(수소가 헬륨으로 변환)이 일어나기에 충분한

◆ 　물론 분자 수가 적은 경우는 중력이 너무 약해서 분자들의 움직임에 아무런 영향도 미치지 못합니다. 막대한 수의 분자가 참여하는 경우에만 그 질량이 누적되면서 중력이 영향력을 행사할 수 있습니다.

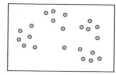

고르게 퍼지지 않은 가스 분자는 상자 안에서 고르게 퍼지며 열적 평형에 도달하고, 이때 엔트로피는 증가합니다.

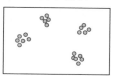

중력이 영향을 미칠 수 있을 정도의 규모라면 반대로 중력의 영향 아래 한데 뭉치며, 이때도 역시 엔트로피가 증가합니다.

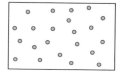

그림 3 ✳ 엔트로피 증가

평형에서 살짝 벗어난(엔트로피가 낮은) 상자 속 입자는 평형 상태로 재분포되거나 중력의 영향 아래 한데 뭉치게 됩니다. 어느 쪽이든 엔트로피를 증가시키고 열역학 제2법칙을 충족합니다.

수준으로 올라간 것이죠. 그리하여 항성이 점화되었습니다. 언뜻 생각해보면 이것은 혼란스럽게 느껴집니다. 한 덩어리로 뭉치는 과정을 통해 결국 더 깔끔하고, 질서 있고, 더 '특별한' 상태가 만들어지고, 모든 분자가 고르게 퍼져 있는 경우보다 더 낮은 엔트로피를 갖는 최종 결과물이 나온 것으로 보이니까요. 그렇다면 중력이 가스의 엔트로피를 감소시켜 열역학 제2법칙을 위반한 것일까요?

대답은 '아니요'입니다. 물질이 중력의 영향 아래 한데 뭉칠 때마다 엔트로피는 증가합니다. 공이 지구의 중력 때문에 언덕을 따라 굴러 내려갈 때 엔트로피가 증가하는 것과 같은 이유죠. 이렇게 덩어리로 뭉치는 것을 늘린 스프링을 놓는 것, 시계태엽이 풀리는 것과 비슷하다고 생각해보세요. 이 경우 유용한 일을 할 수 있는 능력을 잃기 때문에 엔트로피가 증가합니다. 그런데 우연하게 구름의 어느 부분에 든 가스 분자들이 고르게 퍼져 있을 때보다 임시로 더 가까이 붙어 있게 되면, 이것은 최대 엔트로피에서 일시적으로 벗어난 상황에 해당합니다. 그럼 엔트로피를 증가시켜 열역학 제2법칙을 만족시키기 위해 이 분자들은 둘 중 한 가지를 할 수 있습니다. 다시 흩어져 멀어져 원래의 열적평형 상태로 돌아가거나, 반대로 중력에 의한 상호인력으로 한데 뭉치는 것이죠. 어느 쪽으로 가든 엔트로피는 증가합니다.

이제 여러분 입에서는 이런 질문이 나와야 합니다. 애초에 최대 엔트로피로부터 벗어나게 만든 것은 무엇이었나요? 그 자체가 열역학 제2법칙을 위반하지 않나요? 그 대답은 우리 우주의 물질과 에너지가 열적평형 상태에서 시작하지 않고 빅뱅 상태에서 설정된, 아주 특별한 저엔트로피 상태에서 시작했다는 데서 찾을 수 있습니다. 이런 초기 조건이 양자 수준에서 시공간에 불균일성irregularity의 씨앗을 심어놓았습니다. 이 불균일성은 우주가 팽창함에 따라 우주의 구조에서 뚜렷해져서, 어느 정도의 '덩어리 성질lumpiness'이 물질의 분포에 자동적으로 내포되었죠. 우주의 태엽이 계속 풀림에 따라 중력의 당기는 힘을 느낄 정도로 가까웠던 물질들이 마침내 덩어리로 뭉쳐서 항성과 은하를 형성했습니다. 우주에 있는 수소 분자와 헬륨 분자 가스가 항성의 중력 우물로 함께 떨어졌고, 그 과정에서 엔트로피가 증가했습니다. 중요한 점은 이 엔트로피가 최대치에 도달하지 않았다는 것입니다. 항성은 열적평형에 도달한 계가 아니기 때문에 저엔트로피의 저장소로 남아 있습니다. 그래서 그 안에서 일어나는 열핵융합 반응이 빛과 열의 형태로 과잉에너지를 분출하고 있죠. 지구상의 생명이 존재할 수 있는 것도 바로 우리의 항성인 태양에서 나오는 이 저엔트로피 에너지 덕분입니다. 식물은 이 에너지로 광합성을 해서 바이오매스biomass*를 만듭니다. 유용한 저엔트로피 에너지를 유기화합물의 분자 결합 속에 가두어 놓는 것이죠. 그럼 식물을 먹이로 삼는 다른 생명체가 다시 이 에너지를 섭취하고, 결국에는 사람도 그 덕을 봅니다.

지구 자체도 유용한 에너지 비축분을 갖고 있습니다. 이것이 태양 에너지와 함께 지구의 기후를 주도하죠. 한편 달과 태양의 중력에너지는 바다의 밀물과 썰물을 조절합니다. 이런

---

*   생물계 유기자원을 의미합니다.

중력에너지들은 모두 사용 가능한 저엔트로피의 비축분 역할을 할 수 있죠. 예를 들면 폭포 꼭대기에 있는 물은 중력을 받아 떨어지면서 그 퍼텐셜에너지가 운동에너지로 바뀝니다. 우리는 운동에너지로 수력발전을 해서 전기를 생산할 수 있습니다. 물론 효율의 손실은 항상 일어나게 되어 있습니다. 열역학 제2법칙은 항상 폐열의 형태로 전체적인 엔트로피가 증가할 것을 요구하니까요.

여기에는 그저 에너지가 한 형태에서 다른 형태로 전환되는 것 이상의 훨씬 심오한 의미가 담겨 있습니다.

전체 우주를 비롯해서 물리적 계는 항상 질서 있는 저엔트로피의 상태에서 무질서한 고엔트로피의 상태로 움직여야 합니다. 이것이 시간의 흐름 자체에 방향성을 부여하죠. 열역학 제2법칙은 우리가 과거와 미래를 구분할 수 있게 해줍니다. 조금 이상하게 들릴 수도 있습니다. 굳이 열역학 제2법칙을 들먹이지 않아도 어제가 과거였음을 알 수 있으니까요. 어제의 사건 자체는 영원히 사라지고 없지만 여러분 뇌 속에는 그 사건들의 기억이 저장되어 있습니다. 반면 아직 일어나지 않은 내일의 일은 기억할 수 없습니다. 우리는 과거에서 미래로 향하는 시간의 화살이 직관적이고 더 근본적인 실재의 속성이며, 그 속성 위에 열역학 제2법칙이 서 있는 것이라고 생각합니다. 하지만 사실은 그 반대입니다. 열역학 제2법칙이 시간의 화살이 생겨나는 근원이죠. 이 법칙이 없었다면 미래도 과거도 존재하지 않았을 것입니다.

공기로 차 있는 상자 안을 촬영한 동영상을 보고 있다고 상상해봅시다. 이때 공기 분자가 눈에 보일 정도로 크다고 해보죠. 우리는 분자들이 서로 충돌하고 상자 벽에 부딪히면서 여기저기 튕겨 다니는 걸 보게 될 겁니다. 그중 어떤 것은 빨리 움직이고 어떤 것은 느리게 움직이겠죠. 그런데 상자 안 공기가 열적평형 상태에 있다면, 우리는 동영상이 지금 앞으로 돌아가는지 뒤로 돌아가는지 구분할 수 없을 것입니다. 분자가 충돌하는 척도로 내려가면 시간이 어느 방향으로 흐르는지 전혀 알 수 없습니다. 엔트로피의 증가와 평형 상태로 향하는 추진력이 없으면, 우주에서 일어나는 모든 물리적 과정은 역방향으로도 문제없이 일어날 수 있습니다. 하지만 우주와 그 안에 든 모든 것은 태엽이 풀리듯 열적평형 상태를 향해 움직이려는 성향이 있는데, 그 이유는 분자 수준 사건의 통계적 확률 때문입니다. 열역학 법칙에 따라, 그 확률은 일어날 가능성이 낮은 쪽에서 가능성이 높은 쪽으로 나아가죠. 시간이 과거에서 미래로 방향성을 갖는 것은 이해 못 할 수수께끼가 아닙니다. 그저 통계적 필연의 문제일 뿐이죠.

그렇게 생각하면 우리가 과거는 알고 있지만 미래는 알지 못한다는 사실도 더 이상 이상하지 않습니다. 주변 세상을 지각하는 과정에서 우리는 뇌 속에 저장되는 정보의 양을 늘립니다. 이것은 뇌가 일을 하는 과정이기 때문에 폐열을 생산해서 우리 몸의 엔트로피를 증가시키죠. 따라서 열역학적인 관점에서 보면 과거와 미래를 구분하는 우리의 능력 역시 뇌가 열역학 제2법칙을 따르는 데서 나온 것에 불과합니다.

결정론과 무작위성

앞의 이야기를 보고 불편한 느낌을 받는 분도 있을 겁니다. 그럴 만도 하죠. 과거와 미래의 차이는 그저 분자들이 무작위로 충돌하며 평형 상태로 향하는 통계적 확률에 따른 움직임이나, 섞지 않은 카드 패와 섞은 카드 패의 차이에 불과한 것이 아니니까요. 어쨌거나 결국 과거는 고정되어 있습니다. 우리는 사건의 경과를 한 가지만 기억합니다. 역사는 하나죠. 반면 미래는 무한한 가능성으로 열려 있습니다.♦ 내일 일어날 사건들은 대부분 예측할 수 없고, 나의 하루는 무수히 많은 요인에 따라 셀 수 없이 많은 여러 방식으로 펼쳐질 수 있습니다. 과거는 하나밖에 없지만 가능한 미래는 무수히 많죠. 그렇다면, 과거와 미래 사이에 정말 통계보다 더 깊은 수준의 차이점이 있을까요? 이렇게 질문해보죠. 운명은 봉인되어 있는 것일까요, 아니면 우연의 지배를 받는 것일까요? 미래는 정해져 있을까요, 아니면 결정되어 있을까요? 이것은 인류의 역사만큼 오래된 철학적 질문입니다. 자유의지의 본질 그 자체에 대한 질문이죠.

물리학자들이 어떤 과정을 '결정론적deterministic'이라고 이야기할 때는, 보통 '인과적 결정론causal determinism'이란 개념을 말하는 것입니다. 이것은 과거의 사건이 미래의 사건을 일으킨다는 개념이죠. 이것이 사실이라면 우연에 의해 일어나는 일은 아무것도 없게 됩니다. 모든 일은 이유가 있어서 일어나는 것이 되죠. 지금 일은 방금 전에 일어났던 일 때문에 생기는 것입니다. 이것이 바로 인과, 즉 원인과 결과입니다. 따라서 원칙적으로는 지금 이 순간의 우주 전체의 상태를 한 단계씩 역으로 추적해 올라가면 빅뱅까지 거슬러 올라갈 수 있습니다. 이것이 사실이라면 분명 현재 일어나는 사건들이 미래의 사건들도 정

◆ 물론 어떤 일은 다른 일보다 일어날 가능성이 더 높습니다. 더 낮은 경우도 있고요. 저는 내일 태양이 뜰 것이고, 제가 하루 더 늙을 것이라고 거의 전적으로 확신합니다. 또한 제가 난데없이 일본어를 유창하게 말하거나 100m를 10초 안으로 주파하는 능력을 갖게 되는 일은 없을 것이라고 꽤 확신할 수 있습니다.

하겠죠. 이에 따르면 우리가 그 미래를 예측할 수 있어야 합니다. 여기서 '사건'이라는 용어는 우리의 사고 과정과 그에 따르는 의사결정을 규정하는 뇌 속 뉴런들의 흥분도 포함합니다. 결국 우리 뇌도 원자로 만들어져 있죠. 물리법칙이 면제되는 마법적인 요소 따위는 존재하지 않습니다.

우주의 모든 것이 사전에 결정되어 있다면, 우리는 행동과 결정이라는 면에서 아무런 선택권도 없습니다. 과거가 한 버전만 존재하는 것처럼 미래도 한 버전으로만 존재할 테니까요(3장에서 아인슈타인의 블록우주 개념에 대해 이야기했던 내용을 기억해보세요). 하지만 사건의 순서, 즉 과거가 미래를 야기하지 미래가 과거를 야기하지는 않는다는 사실은 열역학 제2법칙에 의한 것입니다. 이것이 없었다면 우리가 '미래'라고 부르는 사건도 '과거'의 사건을 야기했을 것입니다.

그런데 미래가 정말 결정되어 있다면 어째서 우리는 미래를 확실하게 예측할 수 없는 것일까요? 가장 막강한 슈퍼컴퓨터를 동원해도 다음 주에 비가 내릴지 확실히는 알 수 없으니 말입니다. 날씨의 경우 그 이유는 분명합니다. 모형으로 만들려는 대상의 어마어마한 복잡성을 생각해보면, 먼 미래일수록 예측하기가 만만치 않음을 알 수 있죠. 정밀하게 예측하려면 대기와 바다의 기온 변화에서 기압, 풍향, 풍속, 태양 활동에 이르는 수

많은 변수를 정확하게 알아야 하니까요. 그래서 기상학자들은 내일 햇볕이 쨍쨍할지 구름이 드리울지는 자신 있게 예측할 수 있지만, 내년 오늘 비가 내릴지는 예측할 수 없습니다. 그렇다고 그런 지식을 얻는 일이 원칙적으로 불가능한 것은 아닙니다. 결정론적 우주에서는 미래가 이미 정해져 있기 때문이죠. 다만 현실적으로 불가능합니다. 먼 미래에 대해 신뢰할 만한 예측을 내놓으려면 지구 기후의 현재 조건을 놀라울 정도로 정확하게 알아야 하고, 그 데이터를 모두 입력해서 정교한 수학 시뮬레이션을 돌려볼 어마어마한 계산 능력이 필요하니까요.

그 유명한 '나비효과butterfly effect'를 만들어내는 것이 이 카오스적인 예측불가능성입니다. 나비효과란 지구 한쪽에서 나비가 날개를 펄럭거려서 생기는 공기의 교란은 무척 사소해 보이지만, 그 영향이 점진적으로 결국 지구 반대편에서 허리케인의 발생에 극적인 영향을 미칠 수도 있다는 개념입니다. 허리케인의 원인을 추적해서 특정한 나비 한 마리를 찾아낼 수 있다는 의미가 아닙니다. 초기 조건에 아주 작은 변화만 있어도 시간의 흐름 속에서 계가 진화하다 보면 아주 다른 결과가 만들어질 수 있다는 의미죠.

물리학의 방정식들은 결정론적으로 진화하는 세상을 기술합니다. 한 계의 초기 조건을 정확하게 알고 있으면◆ 그 계가 어떻게 진화할지 원인과 결과에 따라 완벽히 결정론적인 방식으로 계산할 수 있죠. 원론적으로는 미래가 우리 눈앞에 낱낱이 드러날 수 있는 것입니다.

물론 현실적으로는 절대 이런 일이 불가능하다는 것이 문제입니다. 한 계의 초기 조건과 지속적으로 거기에 영향을 미치는 다른 요소들을 무한한 정확도로 알거나 통제할 수는 없습니다. 이런 사실은 날씨보다 훨씬 단순한 계에서도 분명히 드러납니다. 간단한 동전 던지기도 앞서 나왔던 결과를 정확히 반복하기가 어렵습니다. 두 번째에 동전을 던져서 공중에서 첫 번째와 똑같은 회수를 돈 뒤에, 첫 번째와 똑같은 면으로 떨어지게 만드는 일은 쉽지 않죠. 우리 우주처럼 결정론적인 우주에서는 운명이 완전히 결정되어 있지만, 우리는 그 운명을 자신 있게 예측할 수 없습니다.

하지만 양자역학은 어떨까요? 양자역학의 세계는 근본적인 수준에서 진정한 무작위성randomness과 비결정론indeterminism이 등장하는 곳이 아닌가요? 미래가 결정되어 있어 아무것도 의지로 선택할 수 없고, 그저 우리가 질서정연하게 움직이

◆ 계를 구성하는 각각의 입자가 어디에 있는지, 주어진 순간에 어떻게 움직이는지, 모든 입자 사이에 어떤 힘이 작용하는지를 완벽하게 이해해야 한다는 의미입니다.

는 우주의 톱니바퀴에 불과하다고 느껴지는 암울한 결정론으로
부터 양자역학이 우리를 구원해주지 않을까요? 사실을 말씀드
리자면, 우리는 이 질문에 대해 아직 분명한 대답을 갖고 있지
못합니다. 우리는 또한 비결정론과 예측불가능성을 신중히 구
분해야 합니다. 양자세계는 확률론적 본성을 갖고 있어서 그에
속한 사건들이 예측불가능하다는 것은 사실입니다. 그래서 전
자가 어디에 있을지, 전자의 스핀이 어느 방향일지, 방사성원자
가 정확히 언제 붕괴할지 미리 확실하게 알 수 없죠. 우리가 양
자역학을 가지고 할 수 있는 것이라고는 서로 다른 측정에 따른
결과에 확률을 할당하는 것뿐입니다. 이런 예측불가능성이 진
정한 비결정론 때문에 생길 수도 있지만, 양자론의 수학은 이런
비결정론을 요구하지 않습니다. 비결정론은 우리가 측정한 것
을 기술하는 수학에 부여하는 한 가지 해석일 뿐입니다. 사실 대
부분의 우주론학자는 모든 것이 완전히 결정론적으로 행동하는
양자역학의 다중세계 해석을 선호합니다.

예측불가능성과 무작위성은 물리학에서 또 다른 방식
으로 나타날 수 있습니다. '카오스 행동'이라는 현상을 통해서
죠. 자연에서 카오스chaos는 계 내부에 불안정성이 존재해서 시
간에 따른 계의 진화 방식에 생긴 작은 변화가 급속히 커질 때
나타납니다. 여기서 다시 나비효과가 등장합니다. 때로는 단순

하고 결정론적인 물리법칙을 따르는 단순한 계라도 진짜 무작위로 보이는 예측불가능하고 복잡한 방식으로 작동할 수 있습니다. 하지만 예측불가능성이 진짜 비결정론 때문인지 알 수 없는 양자의 영역과 달리,◆ 카오스계에서 예측불가능성은 언뜻 무작위성 때문인 것처럼 보여도 실제로는 그렇지 않습니다.

　　카오스이론에는 아주 매력적인 이면도 존재합니다. 단순한 규칙을 반복적으로 적용하면 무작위적인 듯한 행동이 만들어지지만, 가끔은 대단히 질서정연한 아름다운 구조물과 복잡한 행동패턴이 나타나기도 합니다. 열역학 제2법칙을 결코 위반하지 않으면서도 전에는 없던 예기치 않은 복잡성이 생겨나는 것이죠. 이런 창발적 작용을 다루는 영역은 '복잡계 과학complex systems'이라고 하는데, 생물학, 경제학, 인공지능 등 여러 흥미진진한 연구 분야에서 큰 역할을 담당하기 시작했습니다.

　　요약하자면 사실 우리 우주는 아마도 완전히 결정론적일 것입니다. 그럼에도 우리는 우주가 미래에 어떻게 진화할지 예측할 수 없습니다. 다음에 일어날 일을 확실히 알지 못하니까요. 왜냐고요? 양자 수준에서 계를 관찰하려 들면 필연적으로

◆　비결정론 여부는 양자역학의 해석 중 우리가 어느 것을 선택하느냐에 달려 있기 때문입니다.

우리가 그 계를 교란하게 되어 관찰 결과가 뒤바뀌기 때문이죠. 또 한 계에 대해 완벽한 지식을 갖는 것은 현실적으로 불가능해서, 그런 불확실한 부분들이 쌓이다 보면 미래가 어떻게 펼쳐질지 절대 확신할 수 없기 때문입니다.

그렇다면 시간이란 무엇인가?

물리학의 결정론과 무작위성에 대해 간략히 살펴보았으니, 이 장의 핵심 주제를 다시 한번 돌아봅시다. 열역학에서 등장하는 시간의 방향성 말입니다. 이제 우리는 시간의 본질에 대한 서로 다른 세 가지 관점과 마주하고 있습니다. 이 각각의 관점은 물리학의 각 세 기둥으로부터 나옵니다.

먼저 특수상대성이론에 따르면 시간은 절대적이지 않습니다. 시간은 3차원 공간에서 벌어지는 사건들과 독립적으로 흘러가지 않고, 반드시 공간과 결합해서 4차원 시공간을 이룹니다. 이 말은 그냥 수학적인 표현이 아닙니다. 실험을 통해 우주의 존재 방식으로 거듭 검증된 실제 세계의 속성입니다. 아인슈타인의 중력이론(일반상대성이론)은 시공간이 중력장 그 자체라고 말해줍니다. 장이 강할수록 시공간도 더 크게 휘어지죠. 시간은 우주의 물리적 구조의 일부이며, 중력에 의해 늘어나거나 휘어질 수 있는 차원입니다. 바로 이것이 우리가 상대성이론을 통해 배울 수 있는 사실입니다.

그와 대조적으로 양자역학에서는 시간이 아주 시시한 역할만 담당합니다. 양자역학에서 시간은 그저 하나의 매개변수, 즉 방정식에 집어넣는 하나의 값에 불과하죠. t_1이라는 시간에서 한 계의 상태를 알면 t_2라는 다른 시간에서의 상태를 계산할 수 있다는 식입니다. 이것은 역으로도 작동합니다. 뒤에 오는 시간인 t_2에서 한 계의 상태를 알면 그보다 앞선 시간인 t_1에서의 상태를 계산할 수 있죠. 양자역학에서는 시간의 화살이 가역적입니다.

열역학에서는 시간이 또 다른 의미를 갖습니다. 여기서 시간은 매개변수도 차원도 아닙니다. 엔트로피가 증가하는 방향, 즉 과거에서 미래로의 흐름을 가리키는 비가역적인 화살이죠.

많은 물리학자들이 시간의 서로 다른 이 세 가지 개념을 언젠가는 하나로 합칠 수 있을 것이라고 믿고 있습니다. 우리는 아직 양자역학에 대해 최종적인 결론을 도출하지 못했습니다. 양자 상태의 역학을 기술하는 결정론적인 방정식에서는 시간이 양쪽 방향으로 흐를 수 있는데, 어떻게 이런 방정식을 비가

역적인 일방통행의 측정 과정과 양립시킬지 아직 제대로 이해하지 못하고 있기 때문입니다. 빠른 속도로 발전하는 양자정보이론에서는 양자계가 주변과 상호작용하고 얽히는 방식이 뜨거운 물체가 차가운 주변으로 열을 흘리는 방식과 비슷하다고 추정하고 있습니다.

2018년에 호주 퀸즐랜드대학교에서 진행한 한 실험은 양자 수준에서는 사건들이 명확한 인과 순서 없이 일어난다는 것을 보여주었습니다. 정말 종잡을 수 없는 상황인 것이죠. 기본적으로 물리학에서 인과관계란 어떤 기준 틀 안에서 사건 A가 사건 B보다 먼저 일어났다면, A가 B에 영향을 미쳤을 수도 있고(물론 아닐 수도 있지만요), 심지어 A가 B를 야기했을 수도 있다는 의미입니다. 하지만 시간적으로 뒤에 일어난 B가 A에 영향을 미쳤거나 A를 야기했을 수는 없습니다. 그런데 양자 수준에서는 이런 합리적인 인과관계가 붕괴하는 것으로 밝혀졌습니다. 이에 일부 물리학자는 양자 수준에서는 시간의 화살이 실제로 존재하지 않으며, 이는 뒤로 물러나 거시 규모에서 보았을 때만 나타나는 창발성이라 주장합니다.

물리학의 첫 번째와 두 번째 기둥을 하나로 합치는 일은 한 세기 동안 여러 물리학자들의 마음을 사로잡은 과제입니다. 일반상대성이론과 양자역학을 결합해서 모든 것을 아우르는 하나의 양자중력이론을 만들어내는 데 자기 경력을 모두 바친 사람들도 있었죠. 20세기 물리학에서 가장 중요한 이 두 가지 개념을 통일하는 것이 바로 다음 장의 주제입니다.

7

통일

물리학자들에게는 물리이론들을 통일하겠다는 불굴의 의지가 있습니다. 우주의 법칙들을 한데 모아 깔끔한 하나의 수학 방정식, 즉 '모든 것의 이론' 속에 담아내겠다는 것이죠. 이것이 최소의 근본 원리로 자연현상의 복잡성을 담아내는 단순성과 압축성에 대한 집착으로 보일 때도 많습니다. 하지만 사실 여기에는 그보다 더 미묘한 구석이 있습니다. 물리학의 역사를 살펴보면, 자연의 작동 방식에 대해 깊이 이해할수록 겉으로는 연관이 없어 보이는 힘과 입자 사이에서 더 많은 상관관계를 발견했었죠. 또 더 적은 수의 규칙과 원리만으로도 훨씬 더 넓은 범위의 현상들을 설명할 수 있었습니다. '통일unification'은 우리가 일부러 달성하려고 세운 목표가 아닙니다. 물리세계를 더 깊이 이해하면 그 결과로 자연스럽게 따라오는 것이죠. 하지만 이런 성과에는 그 길을 계속 이어갈 수밖에 없게 만드는 어떤 미학적 매력이 함께한다는 것도 부정 못 할 사실입니다. 그리고 우리는 이 일에 놀라울 정도로 성공적이었죠.

수학적으로 보면, 물리법칙의 통일을 위한 탐구가 자연의 진실 뒤로 깊숙이 숨어 있는 추상적인 대칭성과 패턴을 찾으려는 노력을 수반할 때가 많습니다. 2장에서 대칭성이 물리학에서 얼마나 중심적인 역할을 하는지, 어떻게 에너지 보존과 운동량 보존 등의 법칙으로 이어지는지 살펴본 바 있습니다. 하지만 아쉽게도, 대칭성의 중요성과 지난 세기 동안 서로 다른 대칭성이 이론물리학에서 맡았던 역할에 대한 진정한 이해는 이 짧은 책에서 다루기 벅찬 내용입니다.

통일이론의 추구는 자연의 모든 힘을 하나의 틀로 모으는 시도로 묘사될 때가 많습니다. 여기에는 세상에는 단 하나의 '초힘superforce'이 존재하며, 전자기력, 중력, 원자핵 내부의 두 근거리력 등 자연에 존재하는 것으로 알려진 서로 다른 상호작용들은 모두 이 단일 힘의 서로 다른 측면이라는 암시가 들어 있죠. 지금까지 물리학자들은 이 광대한 통일 프로젝트에서 상당한 성공을 거두어왔습니다. 뉴턴은 사과를 나무에서 떨어지게 만드는 힘이 하늘을 가로지르는 천체의 운동을 조절하는 힘과 동일한 보편적 힘, 즉 중력임을 이해했습니다. 지금은 당연한 이야기로 들리지만, 당시만 해도 이것은 당연한 이야기가 아니었습니다. 뉴턴 이전에는 물체가 땅으로 떨어지는 이유가 세상만물은 자신의 '자연스러운' 위치, 즉 세상의 중심으로 찾아가려는

'경향'이 있기 때문이라 믿었습니다. 그리고 태양, 달, 행성, 별이 각기 아주 다른 원리를 따른다고 믿었죠. 뉴턴의 보편적 중력법칙은 질량을 가진 모든 물체는 질량의 곱에 비례하고, 물체 사이 거리의 제곱에 반비례하는 힘으로 서로를 끌어당긴다고 명시함으로써 이 모든 현상을 하나로 통일했죠. 그 물체가 사과인지 달인지는 상관없습니다. 이 두 물체에 작용하는 지구의 인력은 동일한 공식의 지배를 받습니다.

통일로 가는 길에서 뉴턴 이후 거의 2세기 만에 또 한 번의 거대한 도약이 일어납니다. 제임스 클러크 맥스웰이 전기와 자기가 사실 동일한 전자기의 서로 다른 측면임을 보여준 것이죠. 우리 옷에 문지른 풍선과 종잇조각 사이에 나타나는 정전기는 클립을 자석에 달라붙게 만드는 전자기력과 근원이 같습니다. 우리가 자연에서 보는 거의 모든 현상은 궁극적으로 중력과 전자기력, 이 두 힘 중 하나로 인해 생깁니다. 그래서 두 힘을 하나로 합쳐 통합된 이론을 만들 수 있느냐는 질문이 자연스럽게 따라왔죠.

앞에서 이미 근본적인 수준에서 중력장은 시공간의 '모양'에 불과하다는 것을 살펴보았습니다. 이 역시 통일의 노력 덕분에 밝혀진 부분이죠. 아인슈타인은 시간과 공간을 결합함으로써 그 안에 숨겨진 심오한 진리를 드러냈습니다. 4차원 시공간 안에서라야 서로의 운동 속도에 상관없이 모든 관찰자가 두 사건 사이의 간격에 대해 의견이 일치한다는 진리죠. 10년 후에 그의 일반상대성이론은 질량과 에너지가 이 시공간을 휘게 만드는 원리에 대한 새롭고 더 정확한 그림을 보여주었습니다. 아인슈타인은 거기서 만족할 수 없었죠. 그래서 그 후로 거의 40년 동안 자신의 중력이론과 맥스웰의 전자기론을 결합할 통일이론을 찾아 나섰지만, 성공하지 못했습니다.

지금 우리는 중력과 전자기력 말고도 두 가지 힘이 더 있다는 것을 알고 있습니다. 강한핵력과 약한핵력이죠. 이 두 힘은 아주 짧은 거리에서만 작용하지만 자연의 기본법칙에 관한한 중력과 전자기력 못지않게 중요합니다. 20세기 물리학에서 일어난 그다음 도약은 이 두 핵력 중 하나와 전자기력을 통일한 것이었습니다.

기본 힘의 본질을 이해하는 데 중요한 역할을 한 이 발전은, 입자와 파동이라는 측면에서 미시세계를 기술하는 이론이었던 양자역학이 장field과 관련된 이론으로 진화하면서 찾아왔습니다. 3장에서 중력과 전자기력이라는 맥락에서 장의 의미를 간략하게 살펴봤으니, 이제는 양자장에 대해 파고들 준비가 되었습니다.

양자장론

어쩌면 제가 여러분에게 이런 인상을 심어주었을지도 모르겠습니다. 거의 100년 전에 양자역학이 완성되고 난 후에 대부분의 물리학자는 그것을 물리학과 화학의 실질적인 문제에 적용하느라 바빴고, 철학적 성향이 강한 소수만이 그것의 의미에 대한 토론을 이어갔다고 말이죠. 대체적으로 사실입니다. 하지만 양자역학이 20세기 전반부를 거치는 동안 계속해서 세련되게 발전해왔다는 것 역시 사실이죠. 방정식과 규칙 등 양자역학의 기본적인 수학공식은 분명 1920년대 말에 이미 마련되어 있었지만, 얼마 지나지 않아 폴 디랙이 양자론을 아인슈타인의 특수상대성이론과 결합하게 됩니다. 그는 양자역학과 맥스웰의 전자기장이론을 합쳐서 최초의 양자장론quantum field theory을 만들기도 했습니다. 이것은 양자 수준에서 물질과 빛의 전자기적 상호작용을 기술하는 강력하고 대단히 정교한 방법으로 발전했죠.

디랙의 양자장론은 전자가 광자를 어떻게 방출하고 흡수하는지, 두 전자가 어떻게 서로를 밀쳐내는지 설명합니다. 두 전자 사이의 밀어내는 힘은 공간을 가로질러 이것들을 연결하는 어떤 보이지 않는 힘이 아니라 광자의 교환으로 생깁니다.

1930년대에 들어서는 양자 수준에서 입자의 물리학과 장의 물리학 사이의 구분이 사라졌습니다. 양자 척도에서 순수한 에너지 덩어리인 광자는 전자기장이 입자처럼 발현된 것인데, 이와 마찬가지로 전자와 쿼크처럼 국소화된 물질입자도 양자장의 발현에 불과합니다. 하지만 광자 및 전자기장과는 달리 물질입자의 경우는 이 점이 그렇게 명확하게 드러나지 않습니다. 그 이유는 광자는 무제한으로 한데 무리를 지어 거시 척도에서 우리가 전자기장으로 인식할 수 있는 것을 만들어낼 수 있는 반면, 전자나 쿼크 같은 물질입자들은 양자역학의 규칙 중 하나인 '파울리 배타원리' 때문에 잘 모일 수 없기 때문입니다. 이 원리에 따르면 동일한 물질입자는 2개가 같은 양자 상태를 차지할 수 없습니다. 그 바람에 우리는 이 입자들의 양자장을 쉽게 인식할 수 없죠.

1940년대 말에는 양자장 기술에 따르는 수학적 문제가 마침내 해결되면서 '양자전기역학'이라는 이론이 완성됩니다. 오늘날까지도 이것은 과학 전체에서 가장 정확한 이론으로 인정받고 있습니다. 이것은 또한 근본적인 수준에서 우리 세상의 거의 모든 것을 설명하는 물리이론이기도 합니다. 컴퓨터의 전기 회로와 마이크로칩이 작동하는 방식에서 우리 뇌에서 흥분을 일으켜 손가락이 타이핑을 하게 만드는 뉴런에 이르기까지,

화학과 물질의 본질 모두를 뒷받침하거든요. 이는 양자전기역학이 원자들 간 모든 상호작용의 핵심에 있기 때문입니다.

하지만 이런 막강한 힘에도 양자전기역학은 여전히 자연의 네 가지 힘 중 하나인 전자기력만을 기술하고 있습니다.

1950년대 말과 1960년대에 물리학자들은 아름답지만 복잡한 수학적 추론을 이용해서 양자전기역학을 약한핵력의 장이론과 합칩니다. 이들은 전자기력을 기술할 때 광자의 교환이 맡은 역할을 보여준 것과 같이, 약한핵력 또한 근본적인 수준에서는 입자의 교환을 통해 생긴다는 것을 보여주었죠. 지금은 하나의 전기·약 작용electroweak interaction을 기술하는 통일이론이 마련됐습니다. 전기·약 작용은 대칭성이 파괴되는 과정에서 광자의 교환으로 발현되는 전자기력과 W 보손 및 Z 보손의 교환으로 발현되는 약한핵력, 이 두 가지 별개의 물리적 힘으로 갈라지죠. W 보손과 Z 보손은 1983년에 유럽원자핵공동연구소CERN, Conseil Européenne pour la Recherche Nucléaire에서 발견되어 그 후로 광범위하게 연구가 진행됐습니다. 두 힘이 갈라지는 것, 즉 대칭성 파괴는 '힉스장'이라는 또 다른 장 때문입니다. 힉스장은 W 입자, Z 입자에 질량을 부여하는 반면 광자에는 질량을 부여하지 않습니다. 이 통일로 근본적인 수준에서 자연의 네가지 힘이 세 가지로 줄어들었습니다. 전기약력electroweak force,

강한핵력, 중력(일반상대성이론에 따르면 중력은 사실 힘이 아니지만 요)으로 말이죠. 과연 이것이 문제를 간단히 만드는 데 도움이 됐는지에 관해서는 여러분과 저의 생각이 다를 수도 있습니다.

이런 발전과 함께 양성자와 중성자 내부에서 쿼크를 붙잡아주는 강한핵력을 설명하는 또 다른 양자장론이 나란히 개발됐습니다. 강한핵력에는 미묘한 점이 있습니다. 강한핵력이 쿼크들 사이에서 작용하는 방식에는 '색전하color charge'라는 속성이 수반되거든요. 이것은 한번쯤 짚고 넘어갈 만합니다. 전자기력에 영향을 받는 입자는 두 유형의 전기전하를 띠며, 이것은 '양전하'와 '음전하'라고 부릅니다.◆ 이에 비해 강한핵력의 영향 아래 있는 입자(쿼크)는 세 유형의 전하를 띠는데, 이것은 전기전하와 구분하기 위해 '색전하'로 부르죠. 이름에 '색'이 붙었다고 해서 실제로 어떤 빛깔이 있는 것은 아닙니다. 전기전하처럼 두 유형이 아니라 세 유형이 필요한 이유는 양성자와 중성자가 각각 3개씩 쿼크를 가져야 하기 때문입니다. 쿼크 3개가 결합하는 것이 서로 다른 빛의 세 가지 색(빨강, 파랑, 초록)이 합쳐져 하얀빛을 내는 것과 비슷한 면이 있어서, 색에서 이름을 따왔습

◆   서로 반대 성질이라는 것을 표현할 수만 있다면 '좌'와 '우', '흑'과 '백' 등 어떻게 불러도 상관없었을 것입니다.

니다. 그래서 양성자나 중성자 속 쿼크들의 서로 다른 성질은 각각 빨강, 파랑, 초록의 색전하를 띤다고 표현됩니다. 이것들이 결합해서 입자를 만들어내는데, 이렇게 해서 나온 입자는 '무색'이죠.

쿼크는 색전하를 띠고 있어서 독자적으로 존재할 수 없고, 서로 뭉쳐서 색전하가 무색의 조합을 만들어야만 자연에 존재할 수 있습니다.◆◆ 이런 이유로 쿼크를 결합시키는 강한핵력의 장이론을 '양자색역학quantum chromodynamics'이라고 부르게 됐습니다. 쿼크들 사이의 교환입자는 글루온입니다. 글루온은 접착제라는 의미를 담고 있어서 약한핵력의 매개입자인 W 보손, Z 보손보다는 머리에 잘 들어오는 적절한 이름인 듯합니다.

이쯤에서 중간 점검을 한번 해보죠. 자연의 네 가지 힘 중 세 가지는 양자장론으로 설명이 됩니다. 전자기력과 약한핵력은 전약이론electroweak theory을 통해 하나로 묶이고, 강한핵

◆ ◆ 중간자meson는 쿼크로 만들어지는 다른 유형의 입자로, 쿼크와 반쿼크로 이루어집니다. 이때 쿼크와 반쿼크는 모두 동일한 색전하를 띠어야 합니다. 반입자antiparticle는 항상 반대 속성을 가지니까요. 그래야 업, 다운, 스트레인지 같은 맛깔을 가진 빨강 쿼크와 다른 맛깔의 빨강 반쿼크로 구성된 중간자가 나올 수 있습니다. 쿼크와 반쿼크의 맛깔은 중간자의 유형을 결정하고, 그것들의 색과 반색anti-color은 서로를 상쇄해 중간자가 무색의 입자가 되게 합니다. 복잡하다고요? 아무렴 그렇고말고요.

력은 양자색역학으로 기술되죠. 아직 완전하지는 않지만, 이 세 가지 힘을 하나로 연결하는 이론을 '대통일이론grand unified theory'이라고 합니다. 하지만 이런 이론이 완성될 때까지는 임시변통으로 입자물리학의 표준모형으로 알려진, 전약이론과 양자색역학의 느슨한 연합을 활용할 수밖에 없습니다.

표준모형의 열렬한 지지자라고 해도 그것이 이 문제에서 최종이론이 아니라는 데는 동의할 것입니다. 이 모형이 이렇게 오래 살아남을 수 있었던 데는 더 나은 대안이 없었다는 점, 지금까지는 표준모형의 예측이 2012년 힉스 보손의 발견 같은 실험으로 입증되었다는 점이 한몫했습니다. 현재로서는 이 모형이 자연의 네 가지 힘 중 세 가지를 설명하는 최선의 이론이지만, 그와 충돌하는 새로운 발견이 나온다면 물리학자들 입장에서 더 좋은 일은 없을 겁니다. 실재에 대해 더 심오하고 정확하게 설명할 방법을 발견하리라는 희망이 생기니까요. 하지만 표준모형은 그 예측이 실험으로 입증되는 한 굴하지 않고 열심히 살아남을 것입니다.

그런데 양자장론에 대한 이런 모든 논의는 한 가지 대단히 중요한 요소를 빼놓고 있습니다. 바로 중력입니다.

양자중력을 찾아서

우리는 뉴턴물리학을 적용하기에 적당한 길이, 시간, 에너지 척도에서 이루어지는 일상세계의 기술은 근사치에 불과하며, 그 이면에 극단적인 척도에 적용되는 더 근본적인 물리이론이 존재함을 발견했습니다. 한 극단에는 양자장론이 있습니다. 이것은 전자기력, 약한핵력, 강한핵력을 설명하는 입자물리학의 표준모형으로 이어졌죠. 반대쪽 극단에는 일반상대성이론이 있습니다. 이것은 다른 힘인 중력을 아우르는 우주론의 표준모형을 제공합니다. 규모가 아주 큰 이 표준모형은 '일치 모형concordance model', 'ΛCDM 모형Lambda cold dark matter model', '빅뱅우주론 모형Big Bang cosmology model' 등 다양한 이름으로 불리고 있습니다. 여기에 대해서는 다음 장에서 더 자세히 살펴보겠습니다.

사람들은 자주 물리학자들에게 묻습니다. 양자 영역과 우주 영역이라는 완전히 다른 척도를 기술하는 서로 다른 두 모형의 통일을 이렇게 중요하게 여기는 이유가 무엇이며, 그런 집착을 계속 이어가는 일이 가능하기는 하냐고 말이죠. 물론 이런 모형들은 각각 자신의 영역에서는 아주 잘 작동하기 때문에 거기서 만족할 수도 있습니다. 하지만 다시 한번 강조하는데, 물리학의 목적은 단순히 관찰 내용을 설명하거나 그를 바탕으로 쓸모 있는 응용 분야를 찾아내는 것이 아닙니다. 물리학의 가장 중요한 목적은 실재를 가장 심오하고 완벽하게 이해하는 것이죠.

우리는 현재 양자장론과 일반상대성이론이라는, 서로 합을 맞춰볼 생각이 없어 보이는 성공적인 두 가지 틀 사이에 끼어 있는 형편입니다. 실제로 이 두 이론은 공통점이 거의 없습니다. 이들의 수학적 구조는 양립이 불가능하죠. 하지만 이야기가 거기서 끝나지는 않습니다. 우리는 시공간이 그 안에 든 물질에 반응한다는 것을 압니다. 아원자 척도에서 물질이 양자역학의 규칙에 따라 작용한다는 것도 알죠. 분명 이것은 다시 시공간의 작동에 영향에 미칠 것입니다. 관찰되지 않는 한 전자가 동시에 두 가지 이상의 상태로 존재하는 양자중첩 상태에 있다면, 예를 들어 그 양자 상태가 공간에 퍼져 있거나 서로 다른 에너지 중첩에 놓여 있다면, 이 전자 주변의 시공간 역시 분명 이런 애매모호함을 반영해야만 합니다.

문제는 일반상대성이론에는 이런 '양자스러움'이 없다는 것입니다. 어떻게 하면 일반상대성이론을 '양자스럽게' 만들지 참으로 난감합니다. 여기서 따라오는 문제 중 하나는 아원자 입자는 질량이 너무 작아서 시공간에 미치는 영향을 측정하기가 거의 불가능하다는 점입니다.

문제는 또 있습니다. 우리는 중력장을 어떻게 양자화할 것인지, 양자장론과 일반상대성이론을 하나로 합치려면 어떻게 해야 하는지 아직 알지 못합니다. 또한 양자장론과 일반상대성 이론이 겉보기처럼 정말로 양립 불가능한 것이라면, 믿기 어려울 정도로 큰 성공을 거둔 이 두 이론 중 어느 쪽을 포기해야 양자중력에 이를 수 있을지도 알아내야 하죠.

끈이론

1980년대 중반에 양자중력의 후보이론이 개발됐습니다. 이것은 2장에서 간략하게 언급했던 초대칭성이라는 수학적 개념에 바탕을 둔 것이었죠. 이 후보이론은 '초끈이론superstring theory'으로 알려지게 됐고, 저희 세대 수많은 수리물리학자들의 상상력을 사로잡았습니다. 초대칭성은 표준모형에 나오는 소립자의 일반적 유형 두 가지, 즉 물질입자인 페르미온(쿼크, 전자 및 그 사촌들)과 매개입자인 보손(광자, 글루온, W 보손, Z 보손) 사이의 상관관계를 암시하고 있습니다.

끈이론string theory은 원래 1960년대 말에 강한핵력을 설명하는 이론으로 제안됐습니다. 그런데 1970년대에 양자색역학이 개발되어 유효성을 판명받자, 사람들의 관심에서 멀어져 더 이상 필요하지 않다고 여겨지게 되었죠. 하지만 사람들은 곧 이것을 초대칭성의 개념과 접목하면 강한핵력의 이론보다 훨씬 장대한 이론의 후보로 부활시킬 수 있다는 것을 깨달았습니다. 바로 '모든 것의 이론'입니다.

초대칭끈이론supersymmetric string theory, 즉 초끈이론의 기본 전제는 우리가 인식하는 3차원에 추가적인 공간 차원을 더하면 모든 힘을 통일할 수 있다는 것입니다. 이 이론은 폴란드의 이론물리학자 테오도어 칼루차Theodor Kaluza의 연구에서 시작되었습니다. 제1차 세계대전이 막 끝날 무렵 그는 아인슈타인의 일반상대성이론 장 방정식을 4차원 대신 5차원 시공간에 적용하면, 전자기 방정식을 유도할 수 있다는 것을 알게 되었습니다. 그는 눈에 보이지 않는 이 다섯 번째 차원의 진동으로 이것이 가능하다고 생각했죠. 칼루차는 이 연구를 아인슈타인에게 보여주었고, 아인슈타인은 보자마자 이것을 마음에 들어 했습니다. 아인슈타인이 중력 연구에서 달성한 성과가 전자기에서 달성되는 듯 보였죠. 바로 물리적 힘에서 순수한 기하학으로, 기술을 근본적으로 바꾸는 일 말입니다.

이 연구가 빛(전자기)과 중력(일반상대성이론)을 우아한 방식으로 통일하기는 하지만, 칼루차의 연구는 곧 아인슈타인을 포함한 대다수 물리학자로부터 회의적 시선을 받게 되었습니다. 이런 공간의 '덧차원extra dimension'이 존재한다는 실험적 증거가 전혀 없었으니까요.

　　이 독창적인 개념이 나오고 몇 년 후에 스웨덴의 물리학자 오스카르 클레인Oskar Klein이 새로운 제안을 했습니다. 다섯 번째 차원이 숨겨져 있는 이유는 너무 작게 말려 있어서 감지할 수 없기 때문이라는 것이었죠. 이를 설명하는 '표준'으로 자리 잡은 비유가 있습니다. 멀리 떨어져서 바라보면 호스는 1차원 선처럼 보입니다. 하지만 확대해서 보면 사실 원통 모양으로 생긴 2차원 면이라는 것을 알 수 있죠. 두 번째 공간 차원(호스 둘레의 원형 방향)은 너무 작아서 멀리서는 보이지 않는 것입니다. 클레인은 이것이 칼루차의 다섯 번째 공간 차원에도 똑같이 적용된다고 보았습니다. 5차원 공간이 원자 1조분의 1 크기의 10억 분의 1 정도에 지나지 않는 원으로 말려 있다는 것이죠. 이렇게 해서 생겨난 '칼루차–클레인이론Kaluza-Klein theory'은 중력과 전자기력의 통일로 이어지지는 않았지만, 연구자들이 초끈이론에서 더 높은 차원들의 관련성을 이해하는 데 큰 도움을 주었죠. 현재 끈이론은 숨겨진 공간 차원이 1개가 아니라 6개가 더 있다고 합니다. 이 차원들 모두 시각화가 불가능한 6차원의 공으로 말려 있다는 것이죠. 끈이론에서는 우리가 경험하는 4차원의 시공간에 6개의 숨은 차원, 이렇게 모두 10차원이 존재한다고 말합니다.

오늘날까지도 자연의 힘을 통일하려는 수많은 연구자들이 끈이론에 대해 연구하고 있습니다. 이들은 양자장론과 초대칭성 같은 성공적인 개념을 이용해 물리학의 네 가지의 힘 중 세 가지를 이해하면서 여기까지 왔으니, 중력도 분명 '길들일' 수 있을 것이라 주장합니다. 아마도 이들의 주장이 맞을 겁니다.

끈이론은 시공간 안 물질의 양자역학적 속성에서 시작합니다. 끈이론의 핵심 개념은 모든 점 같은 소립자는 사실 숨겨진 차원에서 진동하는 작은 끈이라는 것입니다. 이 끈은 현재 입자물리학이 탐색할 수 있는 척도보다 훨씬 작기 때문에 우리는 이 끈을 점입자point particle로만 경험할 수 있습니다. 1990년대에 문제가 한 가지 불거졌습니다. 다섯 가지 서로 다른 버전의 끈이론이 나와 있었는데, 어느 것이 올바른 버전인지 아무도 알 수 없었던 것이죠. 그래서 이 다섯 가지 버전을 모두 하나의 우산 아래 통일하는, 새롭고 훨씬 더 거대한 틀이 제안되었습니다. 모든 버전을 아우르는 이 틀은 현재 'M이론M theory'이라고 부릅니다. 이것은 10차원이 아니라, 11차원의 초대칭성이론입니다. 끈이론들의 대통합을 위해서는 또 하나의 숨겨진 차원이 필요했거든요.

그럼 이것으로 끝일까요? M이론이 궁극의 '모든 것의 이론'일까요? 안타깝게도 아직은 알 수 없습니다. 수학적으로는 대단히 우아하고 강력하지만, 우리는 끈이론이나 M이론이 실재에 대한 올바른 기술인지 아직은 알지 못하고 있죠. 다음 장에서는 이 주제를 둘러싼 미해결 문제와 논란에 대해 이야기해 보겠습니다. 어쨌든 M이론에게는 통일이론을 향한 경주에서 맞붙은 호적수가 있습니다. 마찬가지로 사변적인 이론이기는 하지만, 이 라이벌 이론은 일부 이론물리학자에게 통일 문제에 도전하는 더 순수하고 합리적인 방법이라고 평가받습니다. 바로 '고리양자중력loop quantum gravity'으로, 20세기 마지막 10년 사이에 크게 부상한 이론입니다.

고리양자중력

고리양자중력은 양자장론에서 시작하지 않고, 그와는 방향이 다른 일반상대성이론에서 시작합니다. 이 이론은 시공간이 담은 물질보다 시공간 자체가 더 근본적 개념이라 가정합니다. 미학적으로 보면 중력장을 양자화하는 게 합리적으로 보입니다. 일반상대성이론에 따르면 중력장은 시공간 그 자체죠.

그러므로 충분히 작은 길이 척도로 내려가면 공간이 알갱이처럼 이산적離散的●으로 변하는 것이 보일 것입니다. 막스 플랑크가 1900년에 열복사는 궁극적으로 양자 덩어리 형태로 나온다고 제안했던 것과 마찬가지로, 공간을 양자화한다는 것은 더 이상 나눌 수 없는 최소의 길이가 존재해야 한다는 의미입니다. 하지만 중력에너지의 양자는 공간의 양자 그 자체입니다. 중력에너지 양자는 공간 속에 덩어리로 존재하는 것이 아니라, 그 자체가 곧 공간 덩어리죠.

공간에서 가장 작은 단위, 즉 '부피의 양자'는 플랑크 길이Plank length로 여겨집니다. 1플랑크 길이는 1.6×10^{-35}m죠. 저는 이 부피가 얼마나 작은지 설명할 방법을 고민하는 일이 늘 재미있습니다. 예를 들어 원자핵 안에는 우리은하 안에 들어가는 1m³만큼이나 많은 플랑크 부피Plank volume가 들어갑니다.

중력장을 양자화하려 할 경우에는 이런 공간의 이산화 discretization가 불가피해 보입니다. 시간도 마찬가지로 '덩어리'로 이루어져야 합니다. 따라서 우리가 경험하는 매끈한 공간과 시간은 중력 양자 덩어리를 큰 척도에서 보는 근사치에 불과합

● 연속적인 것과 반대되는 개념으로, 대상이 단절된 불연속적인 단위로 나뉘어 있는 것을 뜻합니다.

니다. 시공간 화소 하나하나가 너무 작아서 우리가 인식하지 못하는 것이죠.

고리양자중력은 끈이론과 극적으로 대비됩니다. 끈이론에서는 표준모형에서 다루는 세 가지 힘(전자기력, 강한핵력, 약한핵력)이 사실은 매개입자로 발현된 양자장이므로, 중력장도 중력의 양자입자인 중력자graviton에 의해 매개될 것이라 예측합니다. 중력자는 질량이 없는 끈의 상태죠. 끈이론에서는 이 중력장의 양자가 시공간 안에 존재하는 반면, 고리양자중력이론에서는 시공간 자체가 양자화되어 있습니다.

고리양자중력은 공간 양자에서 출발해 인접 양자와의 연결을 통해 고리 속에서 빙 돌아 다시 출발점으로 돌아오는 닫힌 경로로 이루어집니다. 이 고리의 속성이 시공간의 곡률을 결정하죠. 이것은 끈 같은 물리적 실체가 아닙니다. 실재하는 것은 고리들 사이의 관계밖에 없습니다.

어떻게 보면 고리양자중력이 다루는 범위는 그리 대단하지 않습니다. 하지만 이 이론에 대해 더 곰곰이 생각하면 무언가 깨닫기 시작합니다. 이것이 정말로 실재에 대한 올바른 기술이라면, 사건들은 어떤 시간에 걸쳐 공간 속에서 일어나는 것이 아닙니다. 우주와 그 안에 든 모든 것(모든 물질과 에너지)은 공존하며 서로 중첩되어 있는 양자장에 불과하죠. 이 장은 자신이 들어가서 존재할 시간과 공간을 요구하지 않습니다. 시공간 자체가 이런 양자장 중 하나니까요.

　　요약해봅시다. 우리는 아직 진정한 '모든 것의 이론'을 찾아냈다고, 혹은 양자역학과 일반상대성이론을 하나로 합칠 방법을 발견했다고 주장할 수 없습니다. 다만 어느 정도 유망한 후보이론을 갖고 있을 뿐이죠. 이 이론들은 여전히 해답을 찾지 못한 문제를 많이 가지고 있습니다. 똑똑한 물리학자들은 이런 이론들 중 하나를 골라 그 안에서 자신의 경력을 쌓고 있죠. 하지만 양자역학에 서로 다른 여러 가지 해석이 존재하듯이, 과학에도 여러 가지 사회적인 측면이 존재합니다. 가장 유망한 이론이 어느 것이냐도 누구와 대화하느냐에 따라 달라집니다. 크게 보면 홍코너에는 끈이론이 있습니다. 현재로서는 자연의 네 가지 힘을 통일하는 문제에서 제일 앞서가는 시도라 할 수 있지만, 35년에 걸친 연구에도 여전히 사변적인 영역에 머무르고 있죠. 어떤 물리학자들은 끈이론이 그간 그렇게 발전을 하고도 현재 위기에 봉착한 것은 성과가 애초의 기대에 미치지 못했기 때문이라고 지적합니다. 사실 끈이론은 아직 제대로 된 과학이론이 아니라는 주장도 가능합니다. 검증 가능한 예측을 전혀 내놓지 못했으니까요. 한편 청코너에는 고리양자중력이론이 있습니다. 이것은 시공간을 양자화하는 가장 합리적인 방법으로 보이지

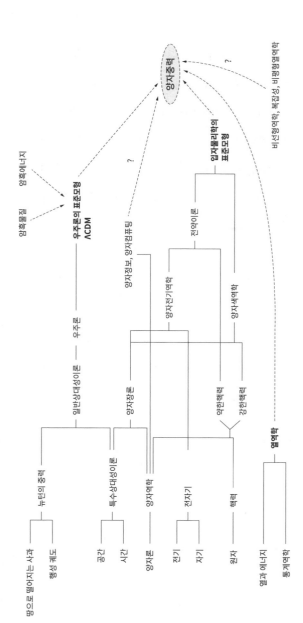

그림 4 ✳ 통일이론으로 가는 여정

물리학 개념들(이론, 현상, 힘)이 지난 시간 동안 어떻게 통합되었는지 단순화해서 보여주는 도표입니다. 왼쪽에서 오른쪽으로 연대순으로 나열했지만, 거기에 너무 많은 의미를 부여할 필요는 없습니다. 예를 들면 특수상대성이론은 뉴턴의 중력이론보다 수 세기 후에 등장했지만 도표에서는 그 바로 아래에 나와 있으니까요.

만, 중력을 나머지 세 힘과 어떻게 합칠 것인지에 대해서는 아직 말해주지 못합니다. 이 두 가지 접근 방식 중 어느 쪽이 옳을까요? 두 접근 방식을 하나로 합쳐야 할까요, 아니면 완전히 새로운 이론을 찾아 나서야 할까요? 우리는 여전히 알지 못합니다.

이런 문제에 이어, 계속해서 현재 기초물리학의 미해결 문제와 논란거리를 짚어보죠. 그리고 앞으로 다가올 수십 년 동안 어떤 발전이 이루어질지도 미리 살펴봅시다.

8

물리학의
미래

20세기에 물리학이 그토록 놀라운 성공을 거두었으니, 이제 몇 군데 주름을 매끈하게 다림질하고 실험 측정치를 더 세밀하게 가다듬고 수학이론을 좀 만져주며 마무리하는 일만 남았다고 생각할지도 모르겠습니다. 알아야 할 것은 웬만큼 다 알았으니, 이제는 마침표 찍기만 하면 된다고 말이죠. 우주 전체의 작동 방식을 설명해줄 '모든 것의 이론'이 손에 닿을 듯 가까워졌으니, 또 다른 뉴턴이나 아인슈타인이 등장해서◆ 물리학의 새로운 혁명을 이끌 필요는 없다고 여길지도 모르겠습니다.

불행인지 다행인지, 여러분이 이제 막 경력을 시작해서 도전거리를 찾아 두리번거리는 물리학자라면 이것은 현실과 거리가 먼 생각이니 안심해도 됩니다. 사실 제 생각에는 20~30년 전보다 오히려 요즘 물리학의 종착역과 더 멀어진 것 같습니다.

◆   맥스웰, 러더퍼드, 보어, 디랙, 파인만, 위튼, 호킹 등도 이 자리에 이름을 넣을 수 있는 위대한 과학자들이죠.

표준모형이 물질과 에너지의 모든 기본 구성요소를 기술하고 있기는 해도, 지금까지 우리가 발견한 것을 모두 합쳐도 겨우 우주의 5%를 구성하는 데 그칩니다. 나머지 95%는 암흑물질과 암흑에너지가 차지하고 있으며, 그 정체는 아직 어느 정도 수수께끼로 남아 있죠. 그것이 저 밖에 존재한다고 확신은 하고 있지만 무엇으로 이루어져 있는지, 현재 우리가 가진 이론과 어떻게 맞아 떨어질지는 알지 못합니다. 이 장에서는 이런 수수께끼와 함께 기초물리학 분야의 다른 미해결 과제들을 살펴보겠습니다.

암흑물질

은하의 회전속도, 은하단 전체 은하들의 운동, 전체 우주의 거대한 구조 등은 모두 우주의 상당 부분이 거의 보이지 않는 물질 요소로 이루어져 있음을 암시합니다. 우리는 이런 물질 요소를 '암흑'이라고 부르죠. 그것이 눈에 보이는 다른 물질 뒤로 숨어 있거나 실제로 검기 때문이 아니라, 현재 우리가 아는 한 전자기력 영향을 받지 않아 빛을 내지도 않고 중력을 통하지 않고는 보통물질normal matter과 상호작용하지도 않기 때문입니다.♦ 이런 점을 생각하면 암흑물질dark matter보다는 '보이지 않는 물질invisible matter'이라고 부르는 것이 더 나았을 겁니다. 손바닥을 단단한 탁자 위에 내리쳤을 때 손이 탁자를 그대로 통과하지 않는 이유가 뭘까요? 그거야 당연히 손과 탁자 모두 견고한 물질로 이루어졌기 때문이죠. 그런데 원자 수준으로 내려가면 물질은 대부분 텅 빈 공간으로 이루어져 있습니다. 작은 원자핵 주변을 전자의 구름이 흩어져 감싸고 있죠. 그렇다면 손을 이루는 원자가 탁자를 이루는 원자들과 부딪히지 않고 통과할 수 있는 공간적 여유가 충분할 것입니다. 하지만 그런 일이 일어나지 않는 건 손에 있는 원자의 전자와 탁자에 있는 원자의 전자 사이에 일어나는 전자기력 때문입니다. 이 전자들끼리 서로 밀어내는 힘으로 인해 물질의 견고함이라는 속성으로 느껴지는 저항이 발생하죠. 만약 우리 손이 암흑물질로 이루어져 있다면 마치 탁자가 존재하지 않는 듯이 아무 저항 없이 통과할 것입니다. 둘 사이의 중력은 너무 약해서 별 영향을 미치지 못할 것이

◆　　물론 물질입자 중에도 중성미자처럼 전자기력을 느끼지 않는 것이 있습니다. 하지만 중성미자는 약한핵력을 통해 다른 물질과 상호작용하기 때문에, 암흑물질이라 부르지 않습니다. 암흑물질 자체도 나머지 세 가지 힘 중 하나 이상과 상호작용하는 것으로 밝혀질지 모르지만, 그렇다고 해도 그 작용은 정말 미미할 것입니다. 그렇지 않다면 이미 벌써 측정이 되었겠죠. 물리학자들은 이런 작은 비중력 상호작용이 있으리라는 희망을 완전히 포기하지는 않았습니다. 그런 희망이 현실화되면 가속기에서 암흑물질 입자를 감지하거나 만들어낼 확률이 그만큼 높아지니까요.

고요.

　　은하는 그 안에 든 항성, 행성, 성간먼지와 성간가스 등의 보통물질로 설명할 수 있는 것보다 훨씬 많은 질량을 갖고 있습니다. 이런 사실은 오래전부터 알려져 있었죠. 한때는 암흑물질이 보통물질로 이루어졌지만 빛은 방출하지 않는 죽은 지 오래된 항성과 블랙홀로 이루어졌을 수도 있다고 생각했습니다. 현재는 이 눈에 보이지 않는 존재가 분명 전혀 새로운 물질로 이루어진다고 말해주는 증거가 압도적으로 쌓여 있습니다. 아직 발견되지 않은 새로운 유형의 입자일 가능성이 크죠.

　　원래 암흑물질은 은하단 전체의 거대한 역학을 설명하기 위해 제안되었습니다. 그 후로 나선은하 안에서 항성들이 움직이는 방식에서 추가적인 증거가 나왔습니다. 이 항성들은 커피 잔에 인스턴트커피를 타고 저을 때 물에 금방 녹지 않고 커피 표면을 떠다니는 커피 알갱이처럼 순환하죠. 은하에서 항성들은 대부분(따라서 여러분이 생각하기에는 질량 대부분이) 중심부에 밀집해 있습니다. 그럼 외곽 가장자리에 위치한 항성들은 중앙을 중심으로 더 천천히 돌아야 하죠. 하지만 이 외곽 항성들의 궤도 공전 속도는 예상보다 빨랐습니다. 이것은 분명 눈에 보이지 않는 존재가 눈에 보이는 물질 너머로 퍼져 있으며, 그 항성들이 날아가버리지 않도록 추가적인 중력 접착제 역할을 하고 있음을 의미합니다.

암흑물질은 주변 공간의 휘어짐을 관찰할 때도 확인할 수 있습니다. 이 현상은 아주 멀리 떨어진 물체에서 우리 망원경까지 날아오는 빛이 경로 중간에서 휘어지는 방식으로 드러납니다. 이렇게 휘어진 양을 보면, 빛이 우리에게 오는 길에 통과한 은하 속 암흑물질이 중력으로 공간을 추가적으로 휘어놓았기 때문이라고 설명하는 것 말고는 방법이 없습니다.

이 필수적인 추가 중력을 제공하는 일 말고 암흑물질에 대해 우리가 아는 것은 또 무엇이 있을까요? 어쩌면 새로운 형태의 물질보다 덜 낯선 방법으로 이 현상을 설명할 수 있지 않을까요? 실제로 일부 천체물리학자들은 먼 거리에서 작용하는 중력은 속성이 조금 다르다고 생각한다면, 암흑물질이 전혀 필요하지 않을지도 모른다고 이야기합니다. '수정뉴턴역학modified Newtonian dynamics'이 그런 주장 중 하나입니다. 이 개념은 얼핏 굉장히 매력적으로 보입니다. 하지만 수정뉴턴역학이나 일반상대성이론을 변경하는 다른 관련 가설들은 관찰된 효과 중 일부에는 유효하지만 설명하지 못하는 부분이 많습니다. 이런 모형 중 은하단 관측 데이터와 맞아떨어지는 것은 하나도 없습니다. 특히 총알은하단과 같은 유명한 충돌은하단, 마이크로파 우주배경복사 세부 구조, 구상성단globular star cluster, 또 최근에 나온 작은 왜소은하dwarf galaxy 등과 전혀 일치하지 않죠.

초기우주의 구조를 설명하기 위해서도 암흑물질의 존재는 반드시 필요해 보입니다. 전자기장과의 상호작용을 통해 높은 에너지를 유지했던 보통물질과는 대조적으로, 암흑물질은 우주가 팽창하면서 더 빨리 냉각됐기 때문에 중력을 통해 더 이른 시간에 덩어리로 뭉치기 시작했습니다. 은하 형성에 관한 정교한 컴퓨터 시뮬레이션으로 현존하는 우주는 실제로 대량의 암흑물질을 품고 있어야만 설명될 수 있다는 사실을 확인했습니다. 이건 최근 천체물리학에서 가장 중요한 연구 결과 중 하나라고 할 수 있죠. 암흑물질이 없었다면 우리가 지금 보는 풍부한 우주 구조가 나올 수 없었을 것입니다. 더 직설적으로 표현하자면, 암흑물질이 없었다면 대부분의 은하, 따라서 그 안의 항성과 행성이 모두 애초에 형성될 수도 없었을 겁니다. 이 놀라운 결론을 아름답게 뒷받침해주는 데이터가 있습니다. 깊은 우주의 온도에서 나타나는 미묘한 요동을 보여주는 데이터죠. 이것은 우주배경복사에 각인된 아주 어린 우주의 흔적입니다. 우주배경복사에서 나타나는 이런 요동은 현재 우주의 물질 분포를 설명할 수 있는 씨앗을 제공하죠. 하지만 이 씨앗은 은하 형성 방식을 설명하기에는 너무 작습니다. 우리는 이런 사실을 1970년대부터 알고 있었습니다. 암흑물질은 여기에 필요한 추가적인 덩어리 뭉침을 제공해줍니다. 코비COBE 위성◆이 이 요동을 측정하여 예측과 정확히 일치함을 확인한 것은 20세기 말의 위대한 과학적 승리 중 하나죠. 그 후로 더 많은 우주탐사를 통해 우주배경복사 속에 들어 있는 주름을 점점 더 해상도를 높여가며 지도로 작성했습니다. 21세기의 첫 10년 동안 나사NASA는 WMAPWilkinson Microwave Anisotropy Probe 탐사위성을 운영했고, 2009년에는 유럽우주기구European Space Agency에서 플랑크 위성 Planck satellite을 쏘아올렸죠.

이제 암흑물질의 존재에 대한 의심은 거의 사라졌지만, 그것을 이루는 성분은 여전히 암흑 속에 남아 있습니다. 그 존재 증거는 쌓여가는데 진짜 정체를 알아내는 데는 실패해서 천체물리학자들의 좌절감도 커졌죠. 현재, 암흑물질은 새로운 유형의 중입자heavy particle◆◆로 이루어진다는 데 의견이 모아지고 있습니다. 지금까지의 실험은 대부분 정교한 지하 감지기 건설에 초점을 맞춰왔습니다. 이 감지기는 암흑물질 입자가 우주에서 날아와 감지기 속 원자와 정면으로 충돌하는 지극히 희귀

◆   우주배경복사 탐사선Cosmic Background Explorer, 즉 익스플로러 66호는 1989년에서 93년까지 운영된 우주탐사 전문 위성입니다. 목표는 우주배경복사를 탐색하는 것이었습니다.

◆◆   소립자를 기준으로 보았을 때 무겁다는 의미입니다.

한 사건을 포착할 수 있도록 설계되어 있죠. 하지만 점점 정교하고 민감해지는 이 감지기에서는 아직까지 어떤 포착 신호도 울리지 않았습니다.

그래도 암흑물질을 찾아 나선 물리학자들은 낙관적인 자세를 유지하고 있습니다. 그들은 암흑물질이 느리게 움직이는 입자의 형태로 존재할 가능성이 크다고 말합니다. 이것을 '차가운 암흑물질'이라고 하죠. 이런 입자의 정체에 대해서는 수없이 많은 제안이 쏟아지고 있습니다. '액시온axion', '비활성 중성미자sterile neutrino', '윔프WIMP'◆, '김프GIMP'◆◆ 등등 이름도 정말 화려하죠. 많은 사람들이 실험적 증거가 곧 등장할 것이라 자신합니다. 그런 말이 나온 지도 이제 꽤 됐지만요.

이 시점에서, 한동안 암흑물질의 유력한 후보였던 중성미자에 대한 이야기를 잠시 해야 할 것 같습니다. 중성미자는 관측하기는 힘들지만 그 존재는 알려져 있는 풍부한 입자입니다. 이것은 질량이 작고 거의 보이지 않죠. 1광년 두께의 납으로 가려도 이 입자를 차단할 확률이 50 대 50 정도밖에 안 됩니다. 어

◆ 약하게 상호작용하는 무거운 입자weakly interacting massive particle를 말합니다.

◆◆ 중력으로 상호작용하는 무거운 입자gravitationally interacting massive particle를 말합니다.

느 모로 보나 '암흑물질'이라 부르기에 무리가 없죠. 하지만 이것이 우리가 찾는 그 암흑물질일 수는 없습니다. 너무 가벼워서 거의 광속에 가까운 속도로 이동하거든요. 은하 안에 붙잡혀 있기에는 너무 빠른 속도라서, 이것으로는 은하의 이례적인 속성을 설명할 수 없습니다. 중성미자는 엄청 빠른 속도로 움직이기 때문에 '뜨거운 암흑물질'이라고 부르죠.

물리학자들의 입장에서는 암흑물질이라는 미해결 문제도 버거운데, 우주를 채우고 있는 또 다른 수수께끼의 존재도 알려져 있습니다. 이것은 우주의 형태를 빚어내는 데 핵심적인 역할을 하죠.

암흑에너지

1998년에 천문학자들은 멀리 떨어진 은하의 초신성에서 나오는 희미한 빛을 이용해, 그 은하가 우주가 팽창함에 따라 우리에게서 물러나는 속도를 계산했습니다. 은하는 우리와의 거리를 바탕으로 예측했던 속도보다 더 느리게 물러나고 있었습니다. 우리에게 도달한 빛은 우주가 아주 어렸을 때 그 은하를 떠난 것이므로, 이런 느린 속도는 과거에는 우주가 더 느리게 팽창했음을 의미하죠. 그렇다면 우주에 있는 모든 물질(보통물질과 암흑물질 모두)의 중력이 누적으로 작용해서 우주의 팽창을 늦추는 것이 아니라, 다른 무언가가 우주를 과거보다 더 빠른 속도로 팽창하게 만드는 것입니다.

중력을 거슬러 우주를 점점 더 빨리 늘어나게 하는 이 수수께끼의 척력repulsive을 '암흑에너지dark energy'라고 합니다. 현재 이해하고 있는 바에 따르면, 암흑에너지는 궁극적으로 지금으로부터 수십 억 년 후 우주에 '열 죽음heat death'이라는 결과를 가져올지도 모릅니다. 공간이 점점 더 빠른 속도로 팽창하다 보면 냉각되어 열역학적 평형 상태로 정착하게 될 테니까요. 하지만 암흑에너지의 본질과 아주 이른 초기우주의 속성을 제대로 이해하기 전에 이런 최종적 운명을 성급하게 추측하지 말아야 합니다. 일어나도 아주 먼 미래에 일어날 일이며, 지금부터 그때까지는 어떤 일이라도 발생할 수 있습니다.

몇 년 전까지만 해도 저는 이렇게 말했을 겁니다. 우리가 암흑물질에 대해서도 모르지만 암흑에너지에 대해서는 더 모른다고 말이죠. 하지만 지금은 상황이 바뀌고 있습니다. 아인슈타인의 일반상대성이론 방정식을 보면 '우주상수cosmological constant'라는 값이 등장합니다. 이것은 그리스 글자 람다[Λ]로 표시하죠. 우리가 말하는 암흑에너지는 텅 빈 공간, 즉 '양자진공quantum vacuum' 자체의 에너지일 가능성이 높습니다. 앞에서 모든 것이 결국에 가서는 어떻게 양자장으로 귀결되는지 보았습니다. 쿼크, 전자, 광자, 힉스 보손 등 물질과 에너지를 구성하는 모든 입자는 그저 이 양자장의 국소적인 들뜸excitation이라 생각할 수 있습니다. 마치 바다 위 파도처럼 말이죠. 한 부피의 공간에서 모든 입자를 제거한다고 해도 장이 사라지지는 않습니다. 대신 그 공간이 진공 상태, 혹은 바닥상태ground state*가 되지요. 이 진공 안에서도 언제나 가상입자virtual particle들이 갑자기 나타났다가 사라지기를 반복합니다. 이 입자들은 주변으로부터 에너지를 빌려와 존재했다가, 그 빌려온 에너지를 돌려주며 재빨리 사라지죠. 따라서 '텅 빈 공간의 양자진공은 에너지가 0'이라고 말하는 것은 잔잔한 바다에 깊이가 없다고 하는 것과 같습니다. 해수면 아래로 존재하는 물에 해당하는 것이 바로 이 암흑에너지입니다. 그리고 이것이 바로 우주상수죠.

암흑에너지를 표시하는 수학 기호를 가지고 있기는 하지만, 우리는 그 본질을 완전히 이해하지는 못했습니다. 천문학 측정으로 우주상수 수치를 알 수는 있어도, 표준모형에서 힉스 보손 질량의 경우와 마찬가지로 왜 그 값을 갖는지는 모르죠.

---

*   양자역학적 계에서 에너지가 가장 낮고 안정된 상태를 뜻합니다.

물리학의 이 오래된 문제는 '미세조정fine-tuning 문제'라고 하며, 아직 어떤 만족스러운 답도 없습니다. 사실 상황은 이보다 더 안 좋습니다. 이 진공에너지 값은 양자장론에서 계산한 것과 우주를 측정해서 얻은 것이 너무 차이가 나서, 물리학에서 가장 민망한 미해결 문제 중 하나가 됐습니다. 그도 그럴 것이, 터무니없게도 계산해서 나온 값이 관찰된 값보다 120자릿수만큼이나 크거든요.

현재까지 우리가 내놓은 최선의 우주론 모형은 'ΛCDM' 모형입니다. 입자물리학의 표준모형에 해당하는 것으로, 현재 우리가 암흑물질과 암흑에너지에 대해 알고 있는 내용을 포괄하고 있죠. 더 심층적인 양자장론이 입자물리학 표준모형의 느슨한 연합을 뒷받침해주는 것과 비슷하게, 일반상대성이론은 ΛCDM 우주 모형을 뒷받침해줍니다.

ΛCDM 모형에는 중요한 요소가 하나 더 있습니다. 우주론학자 전부는 아니어도 대부분이 우주의 속성을 설명하는 데 필요하다고 주장하는 요소죠. 바로 '우주 급팽창'입니다. 이것은 끝없이 반복되는 질문에 한 가지 가능한 해답을 제공합니다. 바로 우주와 그 안에 든 모든 물질과 에너지가 애초에 어떻게 존재하게 되었느냐는 것입니다.

급팽창과 다중우주

이 책을 시작하면서 가볍게 살펴보았듯이 인류 역사의 여명기 이후로 우리는 우주의 기원에 대해 수많은 신화를 만들어냈습니다. 오늘날 물리학자들은 우주가 어떻게 시작되었느냐는 질문에 신화적인 요소를 걷어낸 과학적 설명을 제공합니다. 압도적인 관찰 증거가 그런 설명을 뒷받침하죠. 하지만 빅뱅 그 자체에도 어떤 원인이 존재할까요? 애초에 우리 우주의 탄생을 촉발한 무언가가 있었을까요?

아주 간단하게 대답하자면 '빅뱅 이전'이란 것은 존재하지 않습니다. 빅뱅이 시간과 공간 모두의 탄생을 알리는 사건이었으니까요. 스티븐 호킹과 제임스 하틀James Hartle이 내놓은 '무경계 제안no boundary proposal'이라는 것이 있습니다. 우리가 시계를 거꾸로 돌려 빅뱅에 점점 더 가까워지면 시간이 그 의미를 잃고 공간의 차원과 더 비슷해진다는 개념이죠. 이 개념에 따르면, 우주가 기원한 지점에 가면 매끈한 4차원의 공간을 보게 됩니다. 그러니까 지구에서 남극의 남쪽에 무엇이 있느냐는 질문이 무의미한 것과 마찬가지로 빅뱅 이전에 무슨 일이 있었느냐고 묻는 것은 의미가 없죠.

빅뱅 모형 자체만으로는 오늘날 우리가 보는 우주를 설

명하기에 부족합니다. 특히 반세기 전에는 두 가지 문제가 우주론학자들을 당혹하게 만들었습니다. 첫 번째는 '평탄성 문제 flatness problem'입니다. 이것은 또 하나의 미세조정 문제로 우주 속 물질과 에너지의 밀도에 관련되어 있습니다. 거의 완벽히 평탄한 공간을 만들기에 딱 적당해 보이는 밀도값에 관련된 문제죠.◆ 두 번째 문제는 '지평선 문제horizon problem'입니다. 우리가 볼 수 있는 가장 먼 우주 공간은 아마도 전체 우주의 작은 일부에 불과할 것입니다. 우리가 그 너머로는 결코 볼 수 없는 지평선이 존재하겠죠. 이 지평선이 보이는 우주의 경계를 이룹니다. 이런 지평선이 존재하는 이유는 우주가 영원히 존재해온 것이 아니라서 빛이 우리에게 도달하는 데 시간이 걸리기 때문입니다. 여기다 우주가 팽창한다는 사실이 상황을 더 복잡하게 만듭니다. 어떤 거리에서는 빛이 통과할 수 있는 것보다 더 빠른 속도로 팽창하죠. 이는 마치 빠른 속도로 내려가는 에스컬레이터를 거꾸로 걸어서 올라가려는 일과 비슷합니다.◆

보이는 우주에서 서로 반대쪽 가장자리 근처에 있는 두

◆ '평탄한' 3차원 공간의 의미를 시각화해서 생각하기는 어렵습니다. 제일 쉬운 방법은 우리의 공간을 2차원으로 제한해서 상상하는 것이죠. 그럼 이제 책의 페이지는 평탄하지만 공의 표면은 평탄하지 않다는 의미가 분명하게 다가옵니다.

은하를 생각해봅시다. 우주의 팽창 때문에 이 머나먼 두 은하 중 하나에 사는 지적 존재는 다른 은하의 존재에 대해 까맣게 모르고 있을 것입니다. 반대쪽 은하에서 나오는 빛이 아직 그들에게 도착하지 않았고, 앞으로도 영원히 도달할 수 없을 테니까요. 사실 이 두 은하를 포함하고 있는 공간 영역은 서로 접촉해본 적이 없고, 따라서 정보를 공유했을 리도 없습니다. 이것이 왜 문제일까요? 우리가 보는 모든 방향, 볼 수 있는 모든 거리에서 우주가 동일해 보이기 때문입니다. 멀리 떨어진 이 두 은하는 물리적 속성, 구성, 그 안 물질의 구조라는 측면에서 그 사이에 끼어 있는 우리 눈에는 아주 똑같아 보입니다. 이 두 은하가 과거에 한 번도 접촉한 적이 없다면 어떻게 이럴 수가 있을까요?

40년 전에 평탄성 문제와 지평선 문제, 이 두 가지 문제를 해결하기 위해 '우주 급팽창cosmic inflation'이라는 개념이 제안됐습니다. 우주는 태어난 지 1초도 안 되었던 시간에 '인플라톤장inflaton field'이라는 또 다른 양자장 때문에 짧은 시간 동안 기하급수적인 팽창을 했고, 그동안에 예전 크기보다 수조를 몇

●　　이것은 공간이 빛보다 빠른 속도로 팽창한다는 의미여서, 어떤 것도 빛의 속도보다 빠를 수 없다는 특수상대성이론에 어긋난다고 생각될 수 있습니다. 하지만 특수상대성이론은 공간 속에서 움직이는 대상에게 적용되는 규칙이기 때문에 공간 자체의 팽창에는 적용되지 않습니다. 따라서 공간은 광속보다 빨리 팽창할 수 있습니다.

번 거듭 곱한 것만큼 어마어마한 속도로 커졌다는 것이죠. 이 개념에 따르면 오늘날 보이는 평탄한 시공간을 만들어낸 밀도의 미세조정 문제를 해결할 수 있습니다. 아주 작은 양의 곡률까지도 모두 급팽창에 의해 평탄하게 늘어났을 테니까요.

급팽창이 지평선 문제를 해결한 방식은 더 흥미롭습니다. 일반적인 설명은 다음과 같습니다. '서로 접촉할 기회가 한 번도 없었고, 따라서 물리적 속성을 서로 일치시킬 기회가 없었을 것으로 보이는 멀리 떨어진 우주의 구간이 사실 처음 시작할 때는 접촉하고 있었다. 하지만 급팽창이 공간을 급속히 팽창시키는 바람에 지금은 너무 멀리 떨어져 인과적으로 연결된 적이 한 번도 없었던 것처럼 보이게 된다.'

방금 이것이 '일반적인 설명'이라고 했습니다. 그런데 잘 생각해보면 급팽창을 '빠른' 팽창이었다고 하면 두 가지 문제가 생깁니다. 첫째, 멀리 떨어진 우주 영역들이 가까이 붙어 있었을 때 소통했다고 해도, 그것이 가능하려면 너무 빨리 흩어지지 않고 더 오랜 시간 붙어 있었어야 합니다. 둘째, 수학에서 무언가를 '기하급수적'이라고 하는 것은 처음 시작할 때는 느리게 변하다가 속도가 치솟는다는(기울기가 더 가팔라진다는) 의미입니다. 초기우주의 급팽창을 생각하면, 이것이 더 나은 설명이 됩니다. 처음에는 우주가 느리게 팽창을 시작했다가 속도가 올라간 것이죠. 그러다 어느 시점에서 이 기하급수적인 팽창이 '멱법칙 power law expansion'으로 바뀌어 팽창 속도가 올라가는 대신 다시 내려갔습니다. 중간에 암흑에너지가 끼어들어 다시 팽창 속도를 끌어올리기 전까지 말이죠.

물론 여기까지 들어서는 이 개념이 왜 매력적인지, 혹은 이 개념이 어떻게, 왜 작동하는지 알 수 없습니다. 그럼 잠시 짬을 내서 이 개념의 의미를 풀어봅시다.

급팽창이 어떻게 작동하는지 이해하려면 먼저 양압과 음압의 차이를 이해해야 합니다. 여러분이 부풀어오른 풍선을 들고 있다고 상상해봅시다. 풍선 안에 든 공기는 풍선 내면에 압력을 가해서 밖으로 밀어냅니다. 여러분이 풍선을 양손으로 잡아 찌그러뜨리면, 그 에너지로 인해 풍선 속 공기가 압축돼서 부피가 줄어들고 공기의 밀도가 올라갑니다. 여러분이 소비한 에너지는 풍선 속 공기 분자에 저장되죠. 이제 그 반대 과정을 생각해봅시다. 손에 힘을 풀면 공기가 원래의 크기로 돌아오고, 공기의 밀도도 다시 낮아지게 하는 겁니다. 그럼 공기 분자에 저장된 에너지도 원래의 상태로 낮아집니다(물론 에너지가 다시 여러분의 팔 근육으로 되돌아가지는 않습니다. 폐열의 형태로 풍선 주변으로 흩어지겠죠). 풍선 내부의 부피가 팽창한다는 것은 그 에너지가 줄어든다는 의미입니다. 이것이 '정상적인' 양압에서 나타나는 상황입니다. 팽창하면서 에너지를 잃는 것이죠.

하지만 풍선이 그 반대로 행동하는 특이한 물질로 채워져 있다면 어떨까요? 부피가 팽창해도 밀도가 낮아지지 않고 일정하게 유지되고, 단위부피당 에너지도 마찬가지로 일정하게 유지돼서 총 에너지가 증가한다면? 이것이 '음압'의 의미입니다. 풍선 안의 에너지가 압축될 때 증가하는 것이 아니라 팽창할 때 증가하는 것이죠. 일상생활에서 이것과 가장 비슷한 사례는 고무줄입니다. 늘어날 때 그 안에 더 많은 에너지가 저장되니까요.

인플라톤장이 공간을 채우고 있을 때 바로 이런 일이 일어납니다. 이것은 고무줄과 비슷해서 공간의 부피가 2배로 커질 때마다 장의 밀도를 일정하게 유지하기 위해 총 에너지도 2배로 높아집니다. 따라서 고무줄이 늘어날 때 에너지를 얻는 것처럼 인플라톤장 때문에 우주도 팽창하며 에너지를 얻게 되는 것입니다.

여기서 두 가지 질문이 나와야 합니다. 첫째, 어째서 인플라톤장이 공간의 팽창을 일으킬까요? 고무줄도 혼자 저절로 늘어나지는 않잖아요. 둘째, 인플라톤장이 에너지를 발생시킨다면, 그 에너지는 어디서 옵니까? 두 질문 모두 교묘하지만 논리적인 해답을 갖고 있습니다. 일반상대성이론의 방정식에서 그 답을 찾을 수 있죠.

아인슈타인의 장 방정식은 중력이 질량과 에너지뿐만 아니라 압력에 의해서도 생길 수 있다고 말합니다. 풍선 속 공기 분자같이 양압을 갖는 것은 끌어당기는 정상적인 중력을 만들어내는 반면, 음압을 갖고 있는 존재는 그 반대로 행동합니다. 물체를 끌어당기는 것이 아니라 밀어내는 '반중력antigravity'을 만들어내는 것이죠. 인플라톤장은 그 음압(혹은 반중력)이 밀어내는 효과가 그 에너지가 만들어내는 정상적인 당기는 중력보다 더 큰 속성을 가지고 있습니다. 그래서 공간이 가속하며 팽창하게 되죠.

인플라톤장의 에너지가 애초에 어디서 왔느냐는 질문에 대한 답은 그 자체의 중력장에서 빌려왔다는 것입니다. 언덕 꼭대기에 놓인 공을 생각해봅시다. 이 공에는 양의 퍼텐셜에너지가 저장되어 있죠. 공을 언덕 아래로 굴리면 이 에너지는 운동에너지로 전환될 수 있습니다. 그런데 언덕 밑에 있는 공에는 퍼텐셜에너지가 없고, 언덕 밑 구멍 속에 빠진 공은 음의 퍼텐셜에너지를 갖고 있습니다. 공을 구멍에서 꺼내 지면 높이로 들어올리는 데 에너지가 필요하니까요. 우리 우주는 공간도 에너지도 없이 시작한 것같이 보이지만 양자요동 때문에 중력에너지 사면을 따라 굴러 내려가기 시작했습니다. 그렇게 그 사면을 굴러

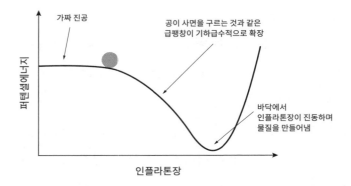

가짜 진공

공이 사면을 구르는 것과 같은
급팽창이 기하급수적으로 확장

바닥에서
인플라톤장이 진동하며
물질을 만들어냄

퍼텐셜에너지

인플라톤장

그림 5 ✳ 급팽창

우주는 중력퍼텐셜에너지 사면을 따라 아래로 구르며 양의 에너지를 얻었고, 그 과
정에서 팽창했습니다. 그리고 그 에너지로부터 모든 물질을 만들었습니다.

가면서 양의 에너지를 얻었습니다. 중력 계곡으로 더 깊숙이 떨
어지면서 음의 중력퍼텐셜에너지가 늘어나며 얻은 것이죠(<그
림 5> 참고). 우주론학자들은 이것을 '궁극의 공짜점심'이라고 부
릅니다. 무에서 뭔가가 탄생한 것이니까요. 이것은 우주 속 모든
물질과 에너지가 애초에 어디서 온 것이냐는 질문에 대한 아주
깔끔한 해답입니다.

　　다음 사례를 생각하면 중력에너지가 음의 값인 이유를
또 다른 방법으로 이해할 수 있습니다. 무한히 멀리 떨어져 있고
둘 사이의 중력에너지는 0인 두 질량을 생각해봅시다. 이 둘이 서
로에게 가까워지면 차츰 서로 끌어당기는 중력이 생기지만, 이

중력에너지는 음의 값입니다. 이 둘을 다시 떼내 원래대로 0의 에너지 상태로 되돌리려면 양의 에너지를 투여해야 한다는 의미에서 그렇습니다.

급팽창이 끝났을 때 인플라톤장의 에너지가 보통 에너지로 붕괴했습니다. 이 에너지가 응축해서 오늘날 존재하는 모든 물질을 만들어냈죠. 이렇게 우주를 채우는 것들은 우주 자체의 중력장에서 빌려온 에너지로부터 만들어졌습니다. 빚을 내서 만든 셈이죠.

이런 우주론 문제들을 해결했지만, 그것이 곧 급팽창이론이 옳다는 의미는 아닙니다. 대부분의 우주론학자들이 이 이론을 받아들이고 있지만 동의하지 않는 사람들도 있습니다. 실제로 아직 해결되지 않은 미묘한 문제들도 남아 있죠. 이 이론을 비판하는 사람 중에는 스티븐 호킹의 오랜 공동연구자 로저 펜로즈Roger Penrose가 있습니다. 펜로즈는 급팽창 대신 '등각순환우주론conformal cyclic cosmology'이라는 자체적인 모형을 제안했습니다. 이 모형에 따르면 우주는 무한히 이어지는 일련의 시대epoch를 거치며, 각각의 시대는 빅뱅과 비슷한 단계에서 시작합니다. 각 주기가 끝날 때마다 블랙홀마저 증발해버리고 남는 것은 열복사밖에 없습니다. 펜로즈는 이것이 빅뱅 직후에 우주를 채우고 있었을 매끈한 고에너지 복사와 비슷하다고 추측합니다. 그는 초기우주의 저엔트로피와 우주가 끝날 때의 고엔트로피를 영리하게 연결해서(그 무엇도 열역학 제2법칙에서 벗어날 수 없습니다) 한 시대의 끝을 또 다른 시대의 시작과 이어붙이고, 새로운 빅뱅으로 모든 것이 다시 시작한다고 제안했죠. 여기서는 이 제안이 급팽창이론보다 더 논란이 많다는 점만 이야기하고 넘어가겠습니다.

기왕 추측의 영역으로 한번 발을 들였으니 더 깊이 들어가보죠. 현재 우주론에서 유행하는 '영원한 급팽창eternal inflation'이라는 개념이 있습니다. 이 시나리오에서는 우리 우주가 다중우주라는 무한한 고차원 공간 속에 있는 작은 거품에 불과합니다. 이 다중우주에서는 영원히 급팽창이 일어나고 있습니다. 우리 우주를 창조한 빅뱅은 138억 2000만 년 전에 일어났던 양자요동인데, 이것이 이 영원히 급팽창하는 공간 속에 거품을 만들어냈죠. 이 거품 속 공간, 즉 우리 우주는 급팽창을 멈추고 속도를 늦추어 더 차분한 속도로 팽창하게 된 반면, 그 밖에 있는 다중우주는 급팽창 폭주를 계속 이어가고 있습니다. 그렇다면 빅뱅 이후에 아주 짧은 시간 동안 급팽창이 일어났던 것이 아니라, 반대로 다중우주 중 우리 영역에서는 빅뱅이 일어나면서 급팽창이 끝난 것이 됩니다.

또 영원한 급팽창이론에서는 다중우주 안에 다른 거품

우주bubble universe가 존재할 것이라 예측하고 있습니다. 그 수는 무한히 많을 것으로 보고 있죠. 서로 영원히 만날 일 없이, 영원히 팽창하는 인플라톤장에 의해 모두 빠른 속도로 멀어지고 있지만요.

이 개념은 많은 우주론학자가 매력을 느끼는 추가적인 장점을 갖고 있습니다. 앞에서 물리학자들이 미세조정이란 개념을 좋아하지 않는다고 했죠. 어떤 물리적 속성이 하필이면 그 값을 갖고 있어야 할 특별한 근본적 이유가 없기 때문입니다. 이 우주의 가장 근본적인 상수들이 지금과 같은 우주가 존재하기에 딱 적당한 값을 가지고 있다는 점을 생각하면 이 문제는 더 심각해집니다. 중력이 지금보다 살짝만 더 약했어도 은하와 항성들은 결코 형성되지 못했을지 모릅니다. 전자의 전하가 아주 살짝만 더 강했어도 원자가 붕괴해서 복잡한 물질이 존재할 수 없었을 겁니다. 어째서 우리 우주는 항성, 행성, 생명이 존재하기에 적합하도록 그렇게 미세하게 조정되어 있을까요? 영원한 급팽창 다중우주는 이 질문에 대한 답을 갖고 있습니다. 우주에는 가능한 모든 거품우주가 존재할 수 있고 모두가 동일한 물리법칙을 따르지만, 근본적인 물리 상수 세트는 각자 고유의 것이 있다는 설명입니다. 이 이론에 따르면 우리는 그저 생명이 등장하기에 딱 알맞은 상수 세트를 가진 거품우주에 태어나, 그것이 얼마나 큰 행운이었느냐며 감탄하고 있는 것이죠.

혼란을 피하기 위해 추가해야 할 내용이 있습니다. 이 거품우주는 양자역학의 다중우주(혹은 다중세계) 해석에 나오는 평행현실parallel reality과 같은 것이 아니라는 점입니다. 평행현실은 양자세계의 측정 결과가 다르게 나올 수 있어서 생기는 것이죠. 영원한 급팽창이론에서 나오는 거품우주는 평행하게 중첩되는 현실이 아니라 완전히 서로 독립적인 존재입니다.

앞으로 나가기 전에 한 가지 더 중요한 점을 짚고 싶습니다. 우리는 시지평선visible horizon 너머의 우주는 볼 수 없지만 과연 우주가 그 너머로 무한한지 궁금해합니다. 실제로 무한할지도 모릅니다. 그렇다면 어떻게 무한한 공간이, 다른 거품우주들과 함께 다중우주에서 떠다니는 유한한 거품 속으로 들어갈 수 있는 걸까요? 그 해답은 조금 이상합니다. 거품 안에 있는 우리에게, 우주는 크기에서는 무한하지만 시간에서는 유한할 수 있습니다. 하지만 이것은 우리가 거품 안에서 시간과 공간을 휘어진 시점으로 보기 때문입니다. 거품 바깥에서 바라보면 우리 우주는 크기는 유한하지만 무한한 시간 속에 존재하는 것처럼 보일 것입니다(<그림 6> 참고). 이것은 무한한 공간이 어떻게 유한한 부피 안에 들어갈 수 있는지 이해하는 아주 깔끔한 방법입니다(하지만 개념적으로는 정말 어렵죠).

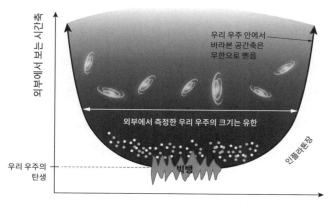

그림 6 ✳ 우리 우주를 바라보는 두 가지 시점

무한한 공간이 어떻게 유한한 부피 안에 들어갈 수 있을까요? 바깥에서 보면 우리 우주는 항상 유한한 부피를 갖고 있습니다. 하지만 우리의 시공간 속에서 바라보는 우리에게는 공간축이 둥글게 휘어져 있기 때문에 시간축을 따라 무한으로 뻗어나가고 있죠. 이 때문에 우리에게는 어느 시간대에서도 우주가 끝없이 확장되고 있는 것처럼 보입니다.

정보

제가 지금까지 별로 다루지 않았던 주제가 하나 있습니다. 기초물리학의 세 기둥인 일반상대성이론, 양자역학, 열역학을 모두 하나로 합치는 것이죠. 이것은 물리학에서 정보가 담당하는 역할에 관한 이야기입니다. 현재는 정보가 그저 추상적인 개념이 아니라 실제로 정량화할 수 있는 대상임을 이해하고 있습니다. 스티븐 호킹이 제일 먼저 강조했던 오래된 수수께끼가 있습니다. 예를 들어 여러분이 지금 읽는 이 책을 블랙홀 속으로 집어던지면 거기에 담긴 정보는 어떻게 되느냐는 것이죠. 물론 이 책은 영원히 잃어버리게 될 것입니다만, 이 안에 든 물리적 정보는 어떻게 될까요? 그러니까 책의 단어 속에 부호화되어 있던 정보, 그 단어들을 재구성하려 할 때 필요한 정보 말입니다. 양자역학에서는 정보는 파괴될 수 없으며 반드시 항상 보존되어야 한다고 말합니다.◆ 호킹은 블랙홀이 '호킹복사Hawking radiation'로 에너지를 잃으며 천천히 증발하는 과정을 기술했습니다. 양자역학이 말하는 바에 따르면, 원칙적으로 이 호킹복사 속에는 그 블랙홀이 그때까지 집어삼킨 모든 정보가 담겨 있어야 합니다. 이 책을 다시 만드는 데 필요한 정보까지 말이죠. 이게 정말 맞는 이야기일까요? 이번에도 역시 양자중력의 최종이론이 나와야만 이 논란을 가라앉힐 수 있을 것입니다.

◆　양자역학에 따르면 시간은 가역적이기 때문입니다. 현재의 양자 상태가 미래의 상태를 고유하게 결정하듯, 미래의 양자 상태도 과거의 양자 상태를 고유하게 결정해야 합니다. 하지만 지금의 상태에 담겨 있는 정보가 파괴된다면 그럴 수 없겠죠.

블랙홀의 수학을 연구하면, 일반적인 예상과 달리 한 부피의 공간에 저장할 수 있는 정보의 최대량은 그 공간의 부피가 아니라 그 부피를 감싼 표면적에 비례한다는 것을 알 수 있습니다. 이 개념은 '홀로그래피 원리holographic principle'로 알려져 있으며, 이론물리학의 막강한 도구임이 입증되었습니다. 근본적으로 이 원리가 등장하게 된 이유는 정보와 에너지 사이의 심오한 연관성 때문입니다. 한 부피의 공간 속에 더 많은 정보를 저장할수록 그 공간의 에너지가 증가합니다. 에너지는 질량과 등가이기 때문에 이것은 그 중력장을 강화한다는 의미가 됩니다. 그럼 어느 지점에 가서는 그 부피의 공간이 블랙홀로 붕괴하게 되죠. 홀로그래피 원리에 따르면, 이제 모든 정보가 블랙홀의 '사건의 지평선event horizon'＊ 위에 암호화될 것입니다. 이 개념은 우주 전체를 기술하는 데 필요한 정보에도 적용되는 것으로 보입니다. 물리학의 세 기둥을 연결하는 과제에서 정보의 역할이 점점 더 중요해지리라 생각됩니다.

＊　어떤 사건이 어느 경계 너머의 관측자에게 절대 영향을 미칠 수 없을 때 그 경계를 말합니다. 빛조차 이 경계를 넘을 수 없습니다.

ER = EPR

2013년에 선도적인 두 물리학자 후안 말다세나Juan Maldacena와 레너드 서스킨드Leonard Susskind가 어쩌면 중력과 양자역학의 통일로 가는 길을 새로 열어줄 개념을 내놓았습니다. 이 개념이 과연 옳은지 판단하기에는 아직 너무 이르지만, 너무 매력적이라 잠깐 언급하지 않을 수 없네요. 간단하게 'ER = EPR'로 알려진 이 개념은 양자얽힘(두 입자가 공간을 가로질러 연결되는 것)과 시공간의 웜홀warmhole 사이에 깊고 심오한 관련이 있을지도 모른다고 제안합니다. 'ER = EPR'에 등호 기호가 등장하기는 하지만, 이것은 대수 방정식이 아닙니다(방정식이라면 양변에서 E와 R을 지워서 P = 1라는 무의미한 수식만 남게 됐겠죠). 1935년에 불과 몇 주 간격으로 고전적 논문 두 개가 발표됐는데, 이것은 그 저자들의 성 첫 글자를 가리키는 것입니다. 바로 Einstein(아인슈타인), Podolsky(포돌스키), Rosen(로젠)이죠.

그때까지 두 논문은 아무런 상관이 없다고 여겨졌습니다. 'ER'은 아인슈타인과 네이선 로젠Nathan Rosen을 가리킵니다. 두 사람은 블랙홀 2개가 우리 차원 밖에 있는 터널로 연결되어 있을지도 모른다고 주장했습니다. 이것은 일반상대성이론의 수학에서 등장한 개념이죠. 'EPR'은 이 두 사람이 보리스 포돌스키Boris Podolsky와 함께 발표한 두 번째 논문을 말합니다. 이 논문에서 세 사람은 양자역학의 얽힘 개념에 관한 자신들의 의혹을 설명했습니다. 아인슈타인은 얽힘을 '유령 같은 연결spooky connection'이라고 불렀죠. 그런데 말다세나와 서스킨드의 새로운 제안에 따르면 웜홀과 얽힘이라는 이 심오한 두 개념이 사실은 동일한 한 가지 현상일지도 모릅니다. 이들의 주장이 옳은지는 시간이 알려주겠죠.

물리학의 위기?

우리가 언젠가 실재에 대해 완벽하게 이해하게 될까요? 아니면, 양파 껍질을 벗기듯이 영원히 하나의 진리를 밝힐 때마다 그 안에 있는 더 깊은 진리와 만나게 될까요? 지금까지는 분명 그랬습니다. 세상만물이 원자로 만들어져 있음을 발견했더니, 그다음엔 이 원자들 자체도 더 작은 요소로 구성되어 있었죠. 밀도가 높은 원자핵과 그 주변을 도는 전자로 이루어져 있었던 것입니다. 그 후에 원자핵 자체를 들여다보았더니, 그것은 더 작은 구성요소인 양성자와 중성자로 이루어져 있었습니다. 물론 양성자와 중성자도 훨씬 더 작은 쿼크로 이루어져 있었고요. 쿼크 자체도 에너지장의 발현이었습니다. 이것은 어쩌면 더 높은 차원에서 진동하는 작은 끈의 발현일 수도 있죠. 과연 여기에 끝이 있기나 할까요?

일부 이론물리학자들은 자신이 내놓은 방정식의 아름다움에 이끌려 점점 더 이색적인 개념들을 상정하고 있습니다. 이런 개념들은 실험적으로 검증하기가 더욱 어렵기 때문에 현상을 설명할 힘이 있는가, 수학적으로 '우아'한가 등의 기준만 가지고 그 가치를 판단하는 일이 많아지고 있죠. 이것들이 중요한 기준이라는 데는 저도 동의합니다. 하지만 과학이론의 정당성을 검증하는 전통적인 기준에 맞지는 않죠. 그렇다면 스스로의 등을 두드려주며 지금까지 이룬 일을 자축하는 대신, 우리가 물리학의 정도에서 너무 멀어진 것은 아닌지 생각해보아야 하지 않을까요?

2012년에는 강입자충돌기에서 힉스 보손이 발견되고, 뒤이어 2016년에는 미국 레이저간섭계중력파관측소LIGO, Laser Interferometer Gravitational-Wave Observatory에서 중력파가 검출되었습니다. 지난 10~20년이 기초물리학에서 흥미진진한 시간이었다는 데 토를 달 물리학자는 많지 않을 것입니다. 하지만 사실 관찰을 통한 이 두 가지 발견이 모두 중요한 것이기는 해도, 그저 오래전에 이론물리학자들이 예측했던 내용을 확인한 것에 불과합니다. 힉스 보손의 경우는 50년 전, 중력파의 경우는 무려 한 세기 전의 예측이었죠. 중요한 업적을 왜 무시하느냐고 따지는 사람도 있을 것입니다. 저도 이 두 가지 놀라운 발견에 참여한 수천 명의 실험물리학자와 공학자의 업적을 폄훼할 생각은 없습니다. 제가 '그저'라고 표현한 것은 언젠가 이런 내용이 실험적으로 확증되리라는 것을 의심한 물리학자가 별로 없었기 때문입니다. 힉스 보손의 발견은 그다음 해 노벨 물리학상으로 이어지기도 했지만, 그 상은 그 존재를 확인한 실험물리학자들이 아니라 1960년대에 그 존재를 예측했던 이론물리학자들에게 돌아갔습니다.

힉스 보손의 발견과 중력파 감지를 좀 더 신중하게 구분해야겠다는 생각이 듭니다. 힉스 보손의 경우 그 존재가 이미 기정사실로 결론 내려진 것이 아니었습니다. 2012년 전에는 스티븐 호킹을 비롯한 많은 물리학자가 힉스 보손의 존재를 의심했습니다. 반면 중력파는 확실하게 예상되었던 부분입니다. 일반상대성이론을 통해서도 예측되었을 뿐 아니라, 쌍성펄서 binary pulsar◆의 행동을 통해 여러 해 전에 간접적으로 관찰되었었죠.

◆   서로가 서로의 주변을 도는 중성자별 쌍을 일컫습니다.

지난 30년 동안 탑 쿼크, 보즈-아인슈타인 응축Bose-Einstein condensate, 양자얽힘, 중성자별 통합neutron star merger, 외계행성exoplanet 등 기초물리학에서 실로 흥미진진한 발견이 이루어졌습니다. 하지만 이들 중 완전히 예상 밖이었던 것은 하나도 없었다는 생각이 듭니다. 사실 이런 발견 중 정말 혁명적이고 놀라웠던 것은 하나밖에 없습니다(모든 우주론학자에게는 아니더라도 그것을 처음 관찰한 천문학자들에게는 놀라웠습니다). 바로 1998년에 발견된 암흑에너지죠. 이를 제외하면, 양자 척도와 우주 척도라는 기초물리학의 양극단에서 이론과 모형을 검증하는 실험 분야의 침묵이 이어지고 있습니다. 이번 장에서 다룬 개념과 사변적 이론 중 많은 것이 옳다고 밝혀질 수도 있습니다. 하지만 과거에 과학이론의 진실성(혹은 허위성)을 확인하는 역할을 담당해온 전통적인 유형의 실험들이 미래에는 별 도움이 못 될 것 같습니다.

강입자충돌기LHC, Large Hadron Collider는 2010년에 처음 가동을 시작했을 때 전 세계 입자가속기 중 최신 장치였습니다. 물리학자들은 거의 그 전부터 한 세기에 걸쳐 입자가속기를 이용해 점점 더 높은 에너지로 아원자 물질들을 실험해왔죠. 그들은 강입자충돌기를 오랫동안 기다렸고, 이것이 여러 중요한 미해결 문제에 대한 답을 구하고 표준모형에서 불확실성을 제

거하는 데 도움을 주리라 크게 기대했습니다. 그 무엇보다 힉스 보손을 찾아내기를 바랐죠. 강입자충돌기는 실제로 그 일을 해냈습니다. 이것은 분명 굉장한 성공이고, 거대한 비용 투자에 대한 타당성을 보여준 일이었습니다. 하지만 그 이후로 유럽원자핵공동연구소가 지원받는 연구자금을 부러워하는 다른 분야의 과학자들과 자신이 최근에 내놓은 예측을 확인하고 싶어 안달이 난 이론물리학자들 양측 모두 더 이상의 새로운 발견이 없어서 실망하고 있습니다.

힉스 보손의 발견 그 자체는 어떨까요? 그 발견으로 물질의 본질에 대해 새로운 통찰을 얻었을까요? 힉스 보손은 더 근본적인 존재인 힉스장이 입자로 발현(들뜸)된 것에 불과합니다. 힉스장은 모든 공간에 스며들어 있는 또 다른 양자장입니다. 표준모형에서 중요한 요소죠. 다른 입자들이 힉스장과 어떤 식으로 상호작용하느냐에 따라 그 입자들에 질량이 부여되거든요. 예를 들어 약한핵력을 매개하는 W 보손과 Z 보손은 힉스장이 없었다면 그들의 사촌 광자처럼 질량이 없었을 것입니다. 하지만 W 보손과 Z 보손은 질량을 갖고 있습니다. 이들이 어떻게 질량을 획득하는지는 힉스 메커니즘으로 설명할 수 있죠. 광자는 하지 않는 방식으로 힉스장과 상호작용하기 때문입니다. 힉스장의 존재는 직접 찾아 확인한 것이 아니라, 덧없이 사라져버리는 그 장의 양자 힉스 보손을 창조해서 간접적으로 확인한 것입니다.

힉스 보손의 존재를 확인한 것은 놀라운 업적입니다. 하지만 사실 이것은 언젠가는 이루어질 일이었습니다. 힉스장의 장착으로 표준모형은 목숨을 연명하게 됐죠. 그렇지만 힉스 보손의 발견이 기초물리학 연구에서 새로운 길을 열어주지는 않았습니다. 물리학자들이 이미 알고 예상했던 것 말고 새롭게 이해시켜준 바가 없었으니까요. 표준모형은 여전히 물질의 기본 구성요소를 모순 없이 설명하는 틀로 남아 있지만, 완전한 일관성을 갖추고 모든 것을 예측해주는 통일이론은 아닙니다.

물론 최근(2018년 12월까지) 강입자충돌기를 가동해서 나온 데이터 중에는 아직 꼼꼼히 검토해보지 못한 것이 많이 남아 있습니다.* 일단 모든 데이터를 분석하고 나면 새로운 것을 발견하게 될 수도 있겠죠. 하지만 아직 미해결 문제가 많이 남아 있고, 그 해답을 찾으려면 강입자충돌기가 아닌 그 너머를 바라보아야 할지도 모릅니다. 왜 중력은 나머지 힘보다 그렇게 약한 것일까요? 쿼크와 경입자가 3세대밖에 없는 이유는 무엇일까

---

* 강입자충돌기는 2018년 12월 이후 업그레이드를 위해 2년 동안 가동이 중단되었습니다.

요? 힉스 보손 자체의 질량은 어디서 오는 것일까요? 우리는 여전히 이런 질문들에 대답하지 못합니다. 답을 알지 못하는 절박감과 그에 따르는 좌절감을 가장 크게 안겨주는 문제는, 과연 초대칭성의 증거를 발견할 수 있느냐일 것입니다.

우리가 초대칭성이 진리이길 바란다고 해서 진리가 되는 것은 아닙니다. 물론 초대칭성이 많은 문제를 해결하고 유용한 통찰을 안겨준 것은 사실입니다. 이 개념은 깔끔하고, 논리적이고, 미학적으로도 보기 좋죠. 하지만 초대칭성의 실험적 증거를 전혀 발견하지 못한 상태에서 계속 이렇게 나가다가는 더 많은 실망만 쌓이게 될 것입니다. 초끈이론을 비판하는 사람들은 이 분야에서 일자리가 나오고 있기 때문에 똑똑한 사람들이 계속 그쪽으로 몰리고 있다고 불평합니다. 젊은 연구자들은 자기 담당교수의 발자취를 따라가는 것이 안전하다고 느낍니다. 그렇게 안 했다가 연구비 지원도 끊기고 경력도 단절되지 않을까 두려워하죠. 한편 부족한 연구비를 놓고 경쟁하는 대학교 물리학과에서는 끈이론 연구가 저렴하게 물리학의 최전선에서 연구를 진행할 수 있는 방법이라고 생각합니다. 하지만 이 분야에 몸담은 사람들의 노력을 뒷받침해줄 새로운 실험적 증거가 나오지 않는 상황에서 연구의 진척이 계속 더디면 반대의 목소리가 더 커질 것입니다.

초대칭성이 정말 옳다면 지금쯤 강입자충돌기에서 그 증거가 이미 나왔어야 한다는 주장도 있습니다. 초대칭성 모형 중 가장 간단한 것, 예를 들어 '제한된 최소 초대칭성constrained minimal supersymmetry'조차 이미 입증 가능성이 없어 보입니다. 그렇다고 해서 지금 당장 이 모든 것을 단념해야 한다는 의미는 아닙니다. 그저 우리가 엉뚱한 곳에서 해답을 찾고 있는지도 모르니까요. 어쨌거나 초대칭성은 끈이론 학자들의 '소원 목록'에만 올라 있는 것이 아닙니다. 더 현실적인 입자물리학자들 역시 자연이 초대칭적인지 알고 싶어 하죠. 초대칭성 덕분에 우리는 양자색역학에서 기술하는 전기약력과 강한핵력의 상관관계를 이해할 수 있습니다. 초대칭성은 또한 물질입자와 매개입자를 하나로 묶어주죠. 심지어 힉스 보손이 질량을 갖는 이유도 설명합니다. 하지만 이 모든 문제를 해결하는 데는 대가가 따릅니다. 초대칭성은 아직 발견된 적이 없는 여러 가지 새로운 입자의 존재를 예측하고 있거든요. 그럼에도 초대칭성이 정말 유효하다면 멋진 보너스를 받게 될 겁니다. 아직은 관찰되지 않은 이 초대칭성 입자들 중 가장 가벼운 것이 암흑물질의 구성요소로 딱 어울리기 때문입니다.

낙관주의의 이유

이론물리학자들이 지금까지 빈둥거리면서 실험물리학자들이 새로운 소식을 전하기만 기다린 것은 아닙니다. 황홀한 수학에 마음을 빼앗긴 이론물리학자들은 실험연구 결과가 없어도 전진했습니다. 1990년대 중반에 에드워드 위튼Edward Witten이 끈이론의 최신 버전인 M이론을 발표했고, 1997년에는 후안 말다세나가 강력한 새로운 개념을 개발합니다. 이것을 '게이지/중력 쌍대성gauge/gravity duality'이라고 합니다. 더 기술적으로는 AdS/CFT이라고 부르죠.◆ 이것은 끈이론의 끈이 세 가지 양자의 힘을 설명하는 장이론과 어떻게 연관되어 있는지 기술합니다. 이 수학적 개념은 그 후로 더 범용으로 발전해서 유체역학, 쿼크-글루온 플라스마, 응집물질condensed matter 등 다른 이론물리학 분야의 문제를 해결하는 데도 사용되고 있습니다. 말다세나의 논문은 현대 이론물리학에서 가장 중요한 작업 중 하나로 자리 잡아, 지금까지 동료심사가 이루어진 다른 논문들에서 1만 7000건 넘게 인용되었습니다.

게이지/중력 쌍대성 같은 강력한 개념이 나오면서, 많

◆　　anti-de Sitter/conformal field theory correspondence의 약자입니다.

은 물리학자가 끈이론이 추구할 가치가 있는 올바른 길이라 확신하게 됐죠. 설사 올바른 양자중력이론이 아닌 것으로 판명이 나더라도, 끈이론이 물리학자들에게 유용하고 정교한 수학적 도구를 제공해주었음은 분명합니다. 이 도구를 통해 적어도 양자역학과 일반상대성이론을 일관성 있게 결합할 방법이 존재한다는 것을 알 수 있었고, 따라서 통일이론을 찾는 일이 원칙적으로 가능하다는 희망을 갖게 됐죠. 하지만 게이지/중력 쌍대성이나 끈이론이 수학적으로 아름답다고 해서 진리가 되는 것은 아니라는 사실에는 변함이 없습니다.

최종적인 해답은 어디서 나오게 될까요? 끈이론이나 블랙홀 연구에서 나올 수도 있고, 양자컴퓨터를 구축하려는 양자정보이론 연구나, 심지어 응집물질이론 연구에서 나올 수도 있겠죠. 비슷한 형태의 수학을 이 모든 영역 전반에 적용할 수 있다는 사실이 점점 분명해지고 있습니다. 어쩌면 올바른 양자중력이론을 찾으려고 중력을 양자화할 필요가 없을지도 모릅니다. 또 양자장론과 일반상대성이론을 억지로 서로에게 맞추려고 애쓰는 것이 잘못된 방법인지도 모릅니다. 양자장론이 이미 그 안에 휘어진 시공간의 본질을 담고 있고, 일반상대성이론이 우리 생각보다 양자역학에 더 가까울지도 모른다는 증거가 있습니다.

이 장에서 소개한 많은 개념과 이론 중 어느 것이 올바른 것으로 밝혀지고, 어느 것이 엉터리 과학으로 밝혀질지 알면 참 재미있을 것입니다. 개인적으로, 물리학에서 가장 큰 미해결 문제는 물리학자로 살아오는 내내 저를 괴롭혔던 질문과 같습니다. 바로 양자역학의 올바른 해석이 무엇이냐는 것이죠. 5장에서 그 후보가 되는 몇 가지 개념을 가볍게 살펴보면서, 많은 물리학자들이 이것을 철학자들이나 고민할 문제라고 생각한다고 했습니다. 이 문제가 해결 안 됐다고 해서 양자역학이 적용되지 못한 것도 아니고, 물리학의 진보가 느려진 것도 아니니까요. 하지만 저를 포함한 점점 더 많은 물리학자들이 양자역학의 토대를 없어선 안 될 중요한 분야로 여기고 있고, 양자역학의 해석에 관한 이 오래된 문제를 해결하는 일이 궁극적으로는 새로운 물리학으로 이어질 것이라 생각하고 있습니다. 이것이 시간의 본질이나 궁극의 양자중력이론 등 기초물리학의 다른 미해결 문제와도 연결되어 있을지도 모르죠.

때로는 이런 문제들을 극복하기가 너무 어려워 보입니다. 결국 미래에 인공지능의 도움을 받아야 한다고 해도 저는 놀라지 않을 것 같습니다. 우리가 개발한 인공지능이 차세대 뉴턴이나 아인슈타인으로 등장해서, 보잘것없는 인간의 두뇌로는 실재의 궁극적 본질을 알아낼 수 없다고 인정해야 할 날이 올지도 모릅니다. 어쩌면 이 인공지능이 해답은 사실 42라고 알려줄 지도 모르죠.*

이 장에서는 극단적으로 큰 척도와 작은 척도의 물리학과 수리물리학에 주로 초점을 맞추어 물리학의 미래라는 주제를 다루어 보았습니다. 하지만 과연 이것이 공정한 일일까요? 이런 분야들을 물리학의 최전선으로 볼 수 있을까요? 더 작은 것, 혹은 더 멀리 있는 것을 이해하기 위한 노력만 물리학의 발전을 가져오는 것은 아닙니다. 크기와 에너지 면에서 일상적인 척도의 대상을 연구하는 일 역시 그에 못지않게 매력적이죠. 사실 21세기에 물리학이 우리의 삶을 어떻게 바꾸어놓을 것인지 생각해보면, 응집물질물리학과 양자광학이 정말 흥미진진한 영역입니다. 물리학이 화학, 생물학, 공학 분야와 중첩되고 통합되는 영역도 못지않게 매혹적이죠. 다음 장에서는 이런 분야들의 사례를 들어 물리학의 기술적 적용이 우리 세상을 어떻게 바꾸고 있는지 살펴보고, 물리학의 '더 유용한 측면'에 대해 알아보겠습니다.

* 소설 『은하수를 여행하는 히치하이커를 위한 안내서』에 등장하는 '깊은 생각'이라는 컴퓨터는 '삶, 우주, 모든 것'에 대한 궁극적인 질문을 받고 750만 년 동안 생각에 잠긴 끝에 42라는 대답을 내놓았습니다.

물리학의
유용성

지금 어디서 이 책을 읽고 있든 주위를 한번 둘러보세요. 우리 인류가 지금까지 창조하고 구축해온 이 모든 것은 우리가 자연법칙을 이해할 수 있었기에 가능했습니다. 자연법칙을 이해한다는 것은 결국 우리 세상을 빚어낸 힘, 그 힘이 작용하는 물질의 속성을 이해하는 것이죠. 물리학의 응용 분야를 모두 나열하기는 어렵습니다. 현대적 세계의 기술은 모두 수 세기에 걸친 물리학자들의 발견에서 나왔으니까요.◆ 여기서 저는 두 가지 주제에만 초점을 맞추겠습니다. 첫째, 물리학이 순수과학 분야와 응용과학 분야 양측에서 어떻게 다른 학문을 뒷받침하고, 다른 학문과 중첩되고, 심지어 통합되기도 했는지에 관해서 알아보는 것입니다. 물론 이때 물리학이 흥미진진하고 새로운 학제 간 연구 분야에서 어떤 역할을 하고 있는지도 들여다볼 것입

◆ 물론 이런 지식과 이해가 오직 물리학 연구를 통해서만 나왔다고 주장하는 것은 아닙니다. 제가 물리학이 아니라 화학이나 공학, 수학에 대해 글을 쓰고 있다고 해도 비슷한 주장을 할 수 있을 테니까요.

니다. 둘째, 현재의 물리학 연구에서 분명히 등장하게 될 새로운 응용 분야에 대해 간략하게 짚어보겠습니다. 특히 새로운 양자 기술이 품은 흥미로운 가능성을 살펴보도록 하죠.

이 책을 여기까지 읽고서 여러분은 이렇게 생각할 수도 있습니다. '물리학자들이 자연의 작동 방식을 지배하는 수학적 원리를 통일하는 데 집착하는 것까지는 좋아. 우주를 이해하려는 인류의 집요한 욕망을 보여주는 것이니까. 하지만 그래서 뭐?' 그리고 분명 이렇게 생각하는 사람도 있을 겁니다. '힉스 보손이 발견됐다고 우리 일상생활에 무슨 직접적인 영향을 미치겠어? 물리학자들이 꿈꾸는 양자중력이론도 가난과 질병을 근절하는 데는 아무 도움이 되지 않아.' 하지만 이런 식으로 세상을 보는 것은 옳지 않습니다. 호기심에서 시작된 기초과학이 세상을 뒤집어놓은 기술 발전으로 이어진 경우가 한두 번이 아니니까요. 대부분 물리학 연구자, 특히 학계에 종사하는 사람은 보통 자기 연구에 어떤 응용 잠재력이 있는지에 관심이 별로 없습니다. 훗날에 실용성이 입증된 위대한 과학적 발견들을 뒤돌아봐도, 그 상당수가 그저 세상을 이해해서 호기심을 충족하려 한 과학자의 단순한 열망에서 비롯된 것입니다.

물리학자와 공학자를 표면적으로 비교해보죠. 기계공학과 학생이나 전기공학과 학생은 뉴턴역학, 전자기학, 컴퓨팅,

특정 유형의 방정식을 푸는 데 필요한 수학 기술 등 물리학과 학생과 얼추 비슷한 과목들을 공부합니다. 사실 응용물리학도들 중에는 나중에 공학 분야에서 일을 하는 사람이 많죠. 그렇다 보니 두 학문 분야 사이의 경계가 더 희미해집니다. 하지만 보통 물리학자는 자연의 작동 방식을 지배하는 밑바탕 원리를 드러내기 위해 "어째서?", "어떻게?"라는 질문을 던지는 반면, 공학자는 대개 이런 데는 큰 관심이 없고 자신이 이해하고 있는 바를 실제로 활용해서 더 나은 세상을 만드는 일에 관심을 쏟습니다. 물리학자와 공학자 모두 문제를 해결하는 사람이지만, 해결책을 추구하는 동기가 다른 것이죠.

구체적인 사례를 한 가지 들겠습니다. 위성내비게이션 시스템(그중에서도 미국의 GPS는 지난 수십 년 동안 가장 중요한 시스템이었습니다)의 놀라운 공학적 성공은 공학을 뒷받침하는 순수 물리학 연구의 가치를 분명하게 보여줍니다. GPS는 이제 우리 일상의 필수요소로 자리 잡아서, 없이는 살 수 없게 됐죠. 이제는 세상 어느 낯선 곳에 가서도 길을 잃지 않는 것을 당연하게 여기고, 더 나아가 우리 지구를 위에서 바라보며 놀라울 정도로 세밀한 지도를 작성할 수 있습니다. 지구의 기후가 어떻게 변화하는지 연구하고, 자연현상을 예측해서 재난 구호도 할 수 있죠. 미래에는 GPS가 인공지능 시스템과 결합해서 수송, 농업을 비롯한 그 외 다른 많은 산업을 변화시키게 될 겁니다. 하지만 기초물리학 연구에서 나온 지식이 없었다면 GPS는 탄생할 수 없었을 것입니다. 예를 들어 인공위성에는 원자시계가 탑재되어 있습니다. 우리의 지상 위치를 정확히 짚으려면 위성의 위치를 정확히 알아야 하는데, 그때 필요한 것이 바로 원자시계죠. 이것이 제대로 작동하는 이유는 공학자들이 원자 진동의 양자적 속성을 고려하며, 아인슈타인의 이론이 설명하는 시간 흐름의 속도에 맞추어 상대론적으로 보정하기 때문입니다.

물리학과 공학이 만나 세상을 바꾸어놓은 기술적 사례는 셀 수 없이 많습니다. 물리학자들이 오랜 세월 긴밀하게 관계를 맺으며 연구를 진행했던 사람들이 공학자만도 아니죠. 오늘날에는 수많은 물리학자가 의학, 신경과학, 컴퓨터과학, 생물공학, 지질학, 환경과학, 우주과학 등 다양한 분야 과학자들과 공동으로 연구하고 있습니다. 또한 이들이 논리 능력, 계산 능력, 문제해결 능력을 과학을 벗어나 정치에서 경제에 이르는 다양한 분야에 적용하는 모습도 심심치 않게 볼 수 있습니다.

물리학, 화학, 생물학이 만나는 곳

과학의 역사를 돌아보면 물리학과 그 자매 학문인 화학 사이에는 항상 겹치는 부분이 많았습니다. 사실 시대를 통틀어 가장 위대한 과학자들, 특히 마이클 패러데이에 대해서는 양측 분야에서 서로 자기네 사람이라고 주장하죠. 물리학과 화학 사이에만 이런 일이 있는 것도 아닙니다. 물리학이 생물학에서 담당했던 역할은 특히 아주 흥미로운 역사를 가지고 있죠. 생물학적 문제에 관심이 있는 물리학자 집단은 믿기 어려울 정도로 다양합니다. 이들의 연구는 생물물리학이라는 대단히 활기찬 분야로 이어졌습니다. 그럼 생물물리학은 물리학의 한 분야일까요, 아니면 물리학의 방법론을 생물학의 문제에 적용한 것에 불과할까요? 이런 구분이 중요하기는 할까요? 궁극적으로는 물리학이 화학과 화학 과정을 뒷받침하고 있고, 생명체 내에서 일어나는 현상이 화학작용에 불과하다면, 생물학의 핵심에는 분명 물리학이 자리 잡고 있다는 결론이 나옵니다. 결국 살아 있는 것이든 죽은 것이든 세상만물은 원자로 이루어져 있으니 물리법칙을 따를 수밖에 없죠.

깊이 파고들어가 생명의 작동 방식을 지배하는 근본 원리를 확인하려 노력하는 물리학자들은 늘 하던 버릇대로 이런 질문을 던집니다. "똑같은 성분으로 만들어진 무생물과 생물을 구분하는 것은 무엇인가?" 그 해답의 뿌리는 물리학에 있습니다. 생명은 스스로를 열적평형에서 떨어져 저엔트로피 상태로 유지하는 능력이 있죠. 정보를 저장하고 처리하는 능력도 있습니다. 그렇다면 생명을 특별한 존재로 만드는 것에 대한 완전한 이해는 기초물리학에서 나오리라는 느낌이 듭니다. 화학과 생물학 분야에 종사하는 제 동료들이 이 보잘것없는 물리학자의 자만심에 분노하면서 눈을 부릅뜰 모습이 그려집니다. 하지만 20세기에 있었던 분자생물학과 유전학의 초기 발전 중에는 레오 실라르드Leo Szilard, 막스 델브뤼크Max Delbrück, 프랜시스 크릭Francis Crick 등 물리학자들의 기여가 컸던 것이 사실입니다. 특히 제임스 왓슨James Watson, 로절린드 프랭클린Rosalind Franklin과 함께 DNA의 이중나선 구조를 발견한 크릭은 또 다른 물리학자 에르빈 슈뢰딩거에게 큰 영향을 받았습니다. 슈뢰딩거가 1944년에 발표한 주목할 만한 책 『생명이란 무엇인가What is Life?』는 오늘날까지도 의미가 크죠.

응용 분야에서도 X선 회절 분석법X-ray diffraction에서 MRI 스캐너에 이르기까지, 물리학자들은 생물 탐구에 사용되는 기술의 발전에 핵심적인 역할을 했습니다. 심지어 현미경도 물리학자가 발명했죠. 현미경이 없다면 생물학 실험실은 다 문을 닫을 겁니다. 수백 년간 이어진 빛의 본질과 렌즈의 성질(빛 굴절과 집중과 관련한)에 대한 연구로 탄생한 현미경은 안톤 판 레이우엔훅과 로버트 훅에 이르러 성과를 꽃피웠습니다. 두 사람다 17세기에 현미경을 이용해서 생명체를 연구했죠. 사실 그 후로 훅이 과학에 기여한 바를 생각해보면, 오늘날 기준으로 그는 생물학자보다는 물리학자가 분명합니다.

지난 20년 동안 제가 개인적으로 흥미를 갖게 된 새로운 연구 분야가 있습니다. 바로 '양자생물학quantum biology'입니다. 저는 앞서 모든 생명은 결국 원자로 이루어져 있기 때문에 기본적인 수준에서는 우주만물과 마찬가지로 양자세계의 규칙에 종속되어 있다고 말했습니다. 하지만 이 말은 두말할 필요 없이 당연한 이야기지만, 양자생물학과는 상관이 없습니다. 여기서 말하는 양자생물학은 이론물리학, 실험생물학, 생화학에서 이루어진 최근의 연구들을 가리킵니다. 이 연구들은 '터널링tunneling', '중첩superposition', '얽힘' 등 반직관적인 양자역학적 개념들이 살아 있는 세포 안에서 중요한 역할을 할지도 모른다고 암시합니다. 이를 보면, 효소의 작용이나 광합성 과정과 관련한 중요한 실험적 관찰에 양자역학적 해석이 필요한 듯 보입니다. 그렇게 미묘하고 이상한 현상이 생명 과정에 영향을 미칠 수 있다고 믿지 않는 많은 과학자에게 이것은 커다란 놀라움이었습니다. 이런 개념들 중에는 아직 그 진위를 평가하기 이른 것도 있습니다. 하지만 생명에게는 유리한 지름길을 찾아서 진화할 수 있는 시간이 거의 40억 년이나 있었음을 잊으면 안 됩니다. 만약 양자역학이 특정 생화학적 과정이나 메커니즘을 더 효율적으로 만들 수 있다면, 진화생물학은 당연히 그것을 활용했을 겁니다. 이것은 마법이 아닙니다. 그저 물리학일 뿐이죠.

양자혁명은 계속된다

양자역학은 우리 감각이 감지할 수 있는 것보다 훨씬 작은 척도에서 작동하지만, 20세기에(그리고 21세기 초반에도) 양자역학이 우리 삶에 심오한 영향을 미쳤다는 데 의문을 제기할 사람은 없습니다. 아원자세계의 기술에 큰 성공을 거둔 양자역학은 물리학과 화학뿐만 아니라 현대의 전자공학도 뒷받침합니다. 예를 들어 실리콘 같은 반도체 물질 내의 전자 작용을 설명하는 양자규칙에 대한 이해는 우리 기술세계의 토대를 마련했습니다. 반도체에 대한 이해가 없었다면 트랜지스터를 개발하지 못했을 것이고, 따라서 마이크로칩과 컴퓨터도 세상에 나오지 못했을 겁니다. 요즘은 모두들 슈퍼컴퓨터를 손에 들고 다니죠. 네, 스마트폰 말입니다. 이제 스마트폰 없이는 허전해서 못 살겠다는 사람이 많습니다. 스마트폰은 그야말로 전자공학적 마법으로 가득 차 있죠. 양자역학이 없었다면 이런 전자기기는 나올 수 없었을 겁니다. 텔레비전과 게임기, 현대적인 LED 조명, 화재감지기, 인터넷 등 가정에서 사용하는 많은 익숙한 장치도 마찬가지죠. 사실 전기통신 산업 전체가 레이저나 광증폭기 등 양자역학의 기술적 응용에 의지하고 있습니다. 또한 MRI, PET(양전자 단층촬영), CT에서 레이저 수술에 이르는 현대의학 분야도 양자역학을 응용한 기술 없이는 꾸려나가기 힘듭니다.

양자혁명은 이제 막 시작되었을 뿐입니다. 다가올 수십 년 동안 우리는 스마트재료smart material나 위상물질topological material 등 현재의 양자물리학 연구에 등장하는 새로운 기술적 경이를 수없이 목격하게 될 것입니다. 그래핀graphene을 예로 들어보죠. 그래핀은 단층의 탄소 원자들이 육각형 결정격자 형태로 배열되어 있는 물질입니다. 그래핀은 형태와 조작 방식에 따라 절연체, 도체, 심지어 반도체로도 사용할 수 있습니다.

최근의 연구에 따르면, 그래핀은 저온의 특정 조건 아래서 두 겹을 특정 각도로 비틀어 겹친 뒤 약하게 전기장을 흘리면 초전도체로 행동하는 것으로 나타났습니다. 초전도체란 전류가 아무런 전기저항 없이 흐를 수 있는 물체죠. 이것 역시 또 하나의 양자 현상입니다. '트위스트로닉스twistronics'라고 하는 이 기술은 앞으로 개발될 다양한 전자장치에 응용할 수 있을 것으로 기대됩니다.

　　이게 다가 아닙니다. 현재 새로운 세대의 장치와 기술이 개발 중이고, 이런 장치들은 결국 우리 살아생전에 일상화될 것입니다. 양자세계의 기술을 새로운 방식으로 적용해 색다른 물질 상태를 만들고 조작할 수 있는 장치들이죠. 양자정보이론, 양자광학, 나노기술 같은 분야의 발전 덕분에 그런 다양한 장치의 개발이 가능해질 것입니다. 예를 들어 대단히 정교한 양자중력계quantum gravimeter를 이용하면 지구 중력장에서 생기는 아주 작은 변화도 지도로 그릴 수 있습니다. 그러면 지질학자들이 땅속에서 새로운 광맥을 찾아내거나, 노동자들이 도로 밑에 매설된 파이프의 손상을 최소화하며 작업할 수 있겠죠. 양자카메라는 장애물 뒤에 숨은 물체를 볼 수 있는 센서를 장착하게 될 것입니다. 양자 이미지는 실제로 뇌를 열지 않고 그 활성 지도를 작성하는 데 활용할 수 있어서, 치매 같은 질병 치료와 관련된 잠재력을 갖고 있습니다. 양자암호 키 분배quantum key distribution를 이용하면, 한곳에서 다른 곳으로 안전하게 정보를 전달할 수 있죠. 또한 양자 기술은 다양한 과제를 수행할 수 있는 '인공분자기계artificial molecular machine'를 만드는 데도 도움이 될 것입니다.

특히나 의학 분야는 앞으로 양자세계에 큰 영향을 받을 것으로 보입니다. 살아 있는 세포보다 훨씬 작은 길이 척도에서 새롭고도 놀라운 다양한 기술이 등장할 것으로 예상되고 있죠. 예를 들면 독특한 양자적 속성을 가진 나노입자 따위도 가능할 것입니다. 이런 입자는 체내 항체에 달라붙어 감염 대응을 돕거나, 종양세포 안에서만 복제되도록 '프로그래밍'되어 활동하거나, 심지어 세포의 내부 이미지를 촬영할 수도 있겠죠. 양자센서는 훨씬 정교한 측정을 가능하게 해주고, 개별 생체 분자의 이미지 촬영을 도와줄 것입니다. 또한 다음에 알아볼 양자컴퓨터는 DNA 염기서열을 예전보다 더 빨리 분석하고, 분자 수준에 이르는 모든 건강 '빅데이터' 전체를 검색해야 풀 수 있는 과제를 해결하는 데 도움을 줄 것입니다.

저는 여기서 일부러 예시를 까다롭게 골랐습니다. 물리학의 발전 덕분에 통신, 의학, 에너지, 수송, 영상촬영, 센서 등 분야에서 이루어질 기술공학적 발전이 수천 가지는 될 테니까요. 그런데 그중 한 가지 영역만큼은 특별히 더 공을 들여 설명할 가치가 있습니다.

양자컴퓨터와 21세기 과학

지난 세기의 양자혁명이 정말 굉장했다고 생각하신다면, 앞으로 펼쳐질 21세기가 어떤 놀라움을 준비하고 있는지 지켜보세요. 이런 기술 발전으로 세상살이만 더 복잡하게 만드는 고급 장난감이 만들어졌다는 비판이 있기는 합니다. 하지만 이 발전은 거기서 그치지 않고, 인류가 직면한 가장 큰 과제의 해결을 도와 상상도 못 할 방식으로 세상을 바꾸어놓을 것입니다. 미래에 물리학이 적용될 가장 흥미진진한 응용 분야는 두말할 것도 없이 '양자컴퓨터'입니다. 이 장치는 종래의 컴퓨터와 아주 다를 것이고, 현재 가장 막강한 슈퍼컴퓨터로도 해결이 불가능한 다양한 과제에 사용될 것입니다. 우리는 양자컴퓨터가 과학의 최대 난제를 해결하는 데 도움을 주리라 기대합니다. 특히 인공지능의 발전과 결합하면 더욱 굉장해지겠죠.

양자컴퓨터는 양자세계의 반직관적인 속성을 더욱 직접적인 방식으로 활용합니다. 고전적인 컴퓨터는 정보를 2진수를 표현하는 '비트bit'의 형태로 저장하고 처리합니다. 1비트의 정보는 0과 1, 두 값 중 하나를 가질 수 있죠. 각각의 전자스위치는 켜지거나 꺼지는 비트 정보의 물리적 발현에 해당하는데, 이 전자스위치를 조합해서 논리회로의 기본 구성요소인 논리 게이트logic gate를 만듭니다. 이와는 대조적으로 양자컴퓨터는 양자비트quantum bit, 즉 큐비트qubit를 바탕으로 작동합니다. 큐비트는 0 아니면 1의 값을 가져야 한다는 제약이 없습니다. 0이면서 동시에 1인 양자중첩 상태로 존재할 수 있죠. 그래서 더 많은 정보를 저장할 수 있습니다.

큐비트를 확인할 수 있는 가장 간단한 예시는 전자의 양자스핀quantum spin입니다. 자기장이 있을 때, 전자는 업 스핀(평행방향)이나 다운 스핀(역평행방향)을 보입니다. 여기에 추가적으로 전자기 펄스를 적용하면 전자의 스핀이 평행(0)에서 역평행(1)으로 뒤집어지죠. 그런데 전자는 양자입자이기 때문에, 전자기 펄스는 업 스핀(0)과 다운 스핀(1)이 동시에 중첩된 상태를 만들 수 있습니다. 전자 2개가 얽힌 경우에는 00, 01, 10, 11이라는 양자 상태가 동시에 중첩될 수 있죠. 이렇게 큐비트를 늘릴수록 복잡한 양자 논리회로를 개발할 수 있습니다.

다중의 큐비트가 함께 얽히면 결을 맞추어 작용할 수 있어서 여러 가지 옵션을 동시에 처리하게 됩니다. 그래서 양자컴퓨터는 기존 컴퓨터보다 훨씬 막강하고 효율적으로 작동할 수 있죠. 물론 이런 장치를 현실화하는 데는 문제가 따릅니다. 양자얽힘은 대단히 연약한 상태이기 때문에 특별한 조건 아래서 아주 짧은 시간 동안만 유지되죠. 양자 결맞음을 파괴하는 주변 환경으로부터 이 상태를 분리해서 보호하는 것도 문제지만, 큐비트가 처리하는 정보의 입력과 출력을 통제하는 것도 문제입니다. 얽힌 큐비트가 많아질수록 이런 어려움도 점차 가중되죠. 일단 계산이 마무리되고 나면, 큐비트의 중첩 속에 든 가능한 최종 상태 중 하나를 선택해서 증폭해야 합니다. 그래야 거시적(기존) 장치를 이용해서 판독이 가능하니까요. 이것도 양자컴퓨터 실현에 딸린 많은 미해결 문제 중 하나에 불과합니다.

이렇듯 어려운 도전과제가 있음에도 오늘날 전 세계 수많은 연구실이 최초의 진정한 양자컴퓨터를 만들기 위해 경주를 벌이고 있습니다. 불과 몇 년 전만 해도 그런 일이 가능하기나 한지 불확실했지만, 이제 연구자들 입에서 앞으로 10~20년 안에 꿈이 현실이 되리라는 말이 흘러나오고 있죠. 초보적 단계의 시제품은 이미 개발되어 있습니다. 현재 양자컴퓨터 구축에는 몇 가지 다른 접근 방식이 존재하는데, 어느 쪽이 가장 현실성이 있는지는 아직 불분명합니다. 일반적으로 양자적 행동을 보이고 얽힘이 가능하기만 하면, 어떤 아원자입자를 이용해도 큐비트를 만들 수 있습니다. 전자와 광자, 전자기장 안의 이온, 레이저빔에 가둔 원자, 원자핵의 양자스핀을 핵자기공명으로 탐색할 수 있는 특별한 액체나 고체 등 여러 가지가 가능하죠.

컴퓨터 업계의 대표적 거물인 IBM과 구글이 현재 양자컴퓨터 개발 경쟁을 벌이고 있지만, 아직까지는 어느 쪽도 실용적인 양자계산을 할 정도로 충분히 오래 지속되는 안정적인 다중 큐비트multi-qubit 시스템을 구축하지는 못했습니다. 어떤 사람은 안정성 문제에 초점을 맞추고, 다른 사람은 얽힌 큐비트 수를 늘리는 연구를 진행하고 있죠. 아무튼 진척이 이루어지고 있으며, 제 살아생전에 양자컴퓨터가 보편화되리라는 것을 믿어 의심치 않습니다.

양자컴퓨터의 구현은 단순히 하드웨어 설계 때문에 어려운 것이 아닙니다. 그것을 운영하려면 자체적인 특별한 소프트웨어가 필요한데, 양자알고리즘은 여전히 공급이 부족합니다. 양자알고리즘으로 가장 잘 알려진 것은 쇼어Shor의 인수분해 알고리즘과 그로버Grover의 검색 알고리즘 정도입니다. 이런 알고리즘을 이용하면 양자컴퓨터가 놀라운 방식으로 기존 컴퓨터의 수행 능력을 앞지를 것이며, 이러한 사실은 이미 입증되었죠. 양자컴퓨터가 모든 과제에서 현재의 컴퓨터를 대체하지는 않겠지만, 특정 수학문제 해결에는 더할 나위 없이 적합할 것입니다. 일상생활에서는 점점 강력해지고 처리속도도 빨라지는 현재의 컴퓨터가 계속 이용될 것입니다. 특히 인공지능, 클라우드 기술, 사물인터넷 등이 발전하고 있으니까요. 산더미처럼 쌓여가는 데이터들도 계속 '고전적인' 컴퓨터가 처리하겠죠.

하지만 세상에는 미래에 개발될 가장 막강한 고전적 컴퓨터도 해결할 수 없는 문제가 존재합니다. 양자컴퓨터의 장점은 큐비트 수에 따라 처리속도 단위가 기하급수적으로 커진다는 점에 있죠. 비양자nonquantum 스위치 3개에 담긴 정보 내용물을 생각해봅시다. 각각의 스위치는 0 또는 1이 될 수 있습니다. 따라서 000, 001, 010, 100, 011, 101, 110, 111 이렇게 여덟 가지 조합이 가능합니다. 하지만 얽힌 큐비트 3개는 여덟 가지 조합 모두를 동시에 저장할 수 있습니다. 숫자 3개 각각이 동시에 1과 0일 수 있죠. 고전적 컴퓨터에서는 정보의 양이 비트 수에 따라 기하급수적으로 증가합니다. 따라서 N 비트는 2^N의 서로 다른 상태를 의미하죠. 반면 N 큐비트를 가진 양자컴퓨터는 2^N개의 상태를 모두 동시에 사용할 수 있습니다. 여기서 어려운 일은 이렇게 거대한 정보 공간을 이용할 수 있는 알고리즘을 설계하는 것입니다.

양자컴퓨터는 언젠가 수학, 화학, 의학, 인공지능 등 다양한 분야에서 문제를 해결하는 데 사용될 것입니다. 화학자들은 양자컴퓨터를 이용해서 대단히 복잡한 화학반응 모형을 만들 수 있을 날을 손꼽아 기다리고 있죠. 2016년에 구글은 최초로 수소 분자를 시뮬레이션할 수 있는 초보적인 양자장치를 개발했습니다. 그 후 IBM은 더 복잡한 분자의 행동을 모형화하는 데 성공했죠. 당연한 말이지만, 양자세계의 본질은 양자 시뮬레이션을 이용해야 이해할 수 있을 것입니다. 제약 분야 연구자들은 나중에는 양자 시뮬레이션을 이용해서 합성 분자를 설계하고 신약을 개발할 수 있기를 바라고 있습니다. 농업 분야에서는 온실가스 배출 감소와 식품 생산량 증가를 도울 새로운 비료 촉매제를 발견할 수도 있겠죠.

인공지능 분야에서는 양자컴퓨터가 기계학습의 복잡한 최적화 문제 처리속도를 극적으로 높여줄 것입니다. 이것은 생산성과 효율의 증가가 생산량 극대화에 핵심적 역할을 하는 다양한 산업 분야에서 필수적인 부분입니다. 여기서 양자컴퓨터는 생산 과정을 간소화하고 폐기물 감소 최적화에 관한 통찰을 제공함으로써, 시스템공학 분야를 혁명적으로 바꾸어놓을 것입니다. 그리 멀지 않은 미래에 양자공학자들은 양자역학과 전자공학에서 시스템공학, 인공지능, 컴퓨터과학에 이르는 다양한 분야의 학문에 능통하게 되겠죠.

21세기 중반 즈음에 가면 양자컴퓨터가 인공지능 프로그램을 돌려서 마침내 기초물리학의 가장 중요한 질문에 답할 수 있을지도 모릅니다. 어쩌면 사람보다 인공지능이 거대한 돌파구를 마련할지도 모르니까요. 이것은 제가 개인적으로 양자컴퓨터와 관련해 가장 기대하는 일입니다(제가 그때까지 살아서 지켜볼 수 있기를 바랍니다).

많은 이론물리학자가 양자컴퓨터가 자기 연구에 도움이 될 것이라고 기대합니다. 양자컴퓨터는 본질적으로 양자세계를 정확하게 시뮬레이션할 수 있어서, 올바른 양자중력이론을 발견하는 데 도움이 될지 모르기 때문이죠. 이것은 제가 양자컴퓨터를 미래 기술로 선택한 또 다른 이유입니다.

지금까지 이 책에서 다룬 이야기들을 보고, 우리가 물리학을 통해 이 세상에 대해 무엇을 얼마나 알게 되었는지, 또 인간이라는 하나의 종種으로서 그런 지식을 어떻게 활용하고 있는지 엿볼 수 있었기 바랍니다. 마지막 장에서는 뒤로 한 발 물러나 물리학자, 혹은 과학적 훈련을 받은 사람이 어떤 방식으로 세상에 대해 사고하는지 알아보고, 우리가 세상에 대한 지식을 어떻게 얻게 되었는지 살펴보겠습니다. 지식 자체만이 아니라 그것을 얻기까지의 과정도 포함하는 이 과학이라는 거대한 체계는 대체 어떻게 작동하는 것일까요? 또 우리가 그 체계를 신뢰하는 이유는 무엇일까요?

10

물리학자처럼
생각하기

정직과 의심에 관하여

2017년에 저는 〈중력과 나Gravity and Me〉라는 BBC 텔레비전 다큐멘터리를 진행한 적이 있습니다. 그 프로그램에서 저는 세상을 빚어낸 중력이라는 근본 개념이 과학의 역사를 거치면서 보이지 않는 뉴턴의 힘에서 시작해 시공간 자체의 구조에 이르기까지 어떻게 진화해왔는지 이야기했죠. 그 프로그램 참여를 더 흥미롭게 한 건, 관련자들과 함께 정기적으로 GPS 좌표(위도, 경도, 해발 고도)를 판독해서 사용자의 위치를 파악할 수 있는 스마트폰 앱을 개발한 일입니다. 이 앱은 이 정보를 이용해서 사용자의 시간이 흐르는 속도를 계산해주는 것이었죠. 일반상대성이론에 따르면, 위치의 중력장 강도에 따라 시간이 흐르는 속도가 달라집니다. 산꼭대기는 해수면보다 지구 중심부와 멀리 떨어져 있기 때문에, 산에 사는 사람이 느끼는 지구의 중력은 살짝 약하죠. 따라서 산꼭대기에서는 해수면 높이에서보다 시간이 아주 살짝 빨리 갑니다. 그 효과는 아주 작습니다. 해수면 높이보다 1초마다 1조 분의 1초 미만으로 빨라지는 정도죠. 따라서 우주 공간에서 떠다니는 대단히 정확하지만 정확도 외에는 아무짝에도 쓸모가 없는 가상의 시계로 측정해보면, 다른 모든 조건이 동일하다고(물론 이것은 불가능한 일입니다) 가정할 때 산꼭대기에서 평생 산 사람은 해수면 높이에서 평생 산 사람보다 1밀리초ms, millisecond 정도 덜 살게 됩니다. 깨끗한 산 공기로 숨을 쉬고, 건강한 식생활을 유지하고, 규칙적으로 운동을 했을 때 따라오는 이로움과 비교하면 이건 아무 의미가 없습니다. 하지만 그 물리적 효과는 실제로 존재하기 때문에 그 앱은 꽤 재미있는 것이었죠.

이 앱을 만들 때 우리는 또 다른 요소를 고려했습니다. 3장에서 말했듯이 움직이는 시계는 정지한 시계보다 더 느리게 갑니다. 따라서 움직이면 가만히 서 있는 사람보다 시간의 속도를 늦출 수 있죠. 이것은 중력으로 인한 효과보다도 더 작습니다. 광속에 가까운 속도로 움직인다면 그 효과를 체감할 수 있겠지만, 우리가 그럴 일은 사실상 없죠. 그럼에도 우리는 앱이 사용자의 위치를 규칙적으로 확인함으로써 운동으로 인한 효과를 고려하도록 했습니다. 사용자의 위치가 크게 바뀐 경우 앱은 사용자가 얼마나 빨리 이동했는지 계산할 수 있었죠.

여기부터가 진짜 중요한 부분입니다. 지구는 완벽한 구체가 아닙니다. 적도 부분이 불룩하게 튀어나온 모양이죠. 적도에 있는 사람은 극지방에 있는 사람보다 지구의 중심으로부터 22km 정도 더 떨어져 있는 셈입니다. 산에서 사는 사람의 경우와 마찬가지로 느끼는 중력이 살짝 더 약하죠. 중력이 더 강한 극지방의 시계는 적도의 시계보다 살짝 느리게 가야 합니다. 이것을 '일반상대성이론적 시간지연'이라고 하죠. 하지만 지구가 자전을 하고 적도 시계가 극지방 시계보다 더 빨리 움직이고 있으므로*(우주 공간에 떠다니는 시계를 기준으로 측정했을 때), 이번에는 적도 시계가 극지방 시계보다 더 느리게 가야 합니다. 이것은 '특수상대성이론적 시간지연'이라고 합니다. 특수상대성이론과 일반상대성이론 때문에 일어나는 이 두 가지 효과는 서로 반대로 작용합니다. 그렇다면 누가 이길까요? 어느 쪽 시계가 더 느리게 가는 것일까요? 제가 이 두 가지 효과를 따로 계산해 보았더니, 전체적으로는 극지방 시계가 더 느리게 갔습니다. 적도의 시계가 더 빠르게 움직이기는 하지만, 극지방에서 중력이 더 강하게 느껴지기 때문입니다.

---

* 지구 자전속도는 적도 지방에서는 시속 1670km이지만 자전축인 극지방에서는 0km입니다.

저는 이 멋진 수학적 정보를 모두 앱에 담아, 제가 만든 공식이 실행되도록 했죠. 소셜미디어를 통해 열정적으로 캠페인을 펼친 덕분에, 프로그램이 방송되기 전에 이미 수천 명이 그 앱을 다운받아 사용할 수 있었습니다. 심지어 비행기조종사나 산악등반가 같은 사람들이 앱의 결과 기록을 제공해주고 동영상 일지를 보내주기도 했죠.

그런데 뜻하지 않았던 문제가 생겼습니다.

그 프로그램의 담당 프로듀서 폴 센이 영상 편집 마무리 예정일을 일주일 앞두고 제게 전화를 했습니다. 그때는 제가 해설 녹음을 앞두고 있던 날이었습니다. 방송이 전파를 타기 얼마 전이었죠. 그런데 그가 말하기를, 온라인 물리학 포럼에서 어떤 자료를 읽었는데 제가 실수를 했을지도 모른다는 이야기가 있었다는 겁니다. 저는 하던 일을 멈추고 제 계산 결과에 대한 자문을 구했습니다. 대여섯 명 정도의 동료들에게 재빨리 이메일을 보내 제 계산을 검토해달라고 부탁했죠.

그 결과, 제가 정말 아주 초보적인 실수를 한 것을 알게 됐습니다. 중력이 강해서 극지방 시간이 느려지는 효과와 자전으로 인해 적도 시간이 느려지는 효과가 정확히 서로를 상쇄하고 있었던 것입니다. 사실 해수면 높이에서는 지구 어디에서나 모든 시계가 똑같은 속도로 움직입니다. 이렇게 측정한 시간을

'국제원자시IAT, International Atomic Time'라고 부르죠. 지구의 표면은 지오이드geoid로,[*] '등포텐셜 중력표면equipotential gravitational surface'입니다. 이곳에서 특수상대성이론과 일반상대성이론에 의한 두 효과가 서로 상쇄되는 것은 우연이 아니죠. 지구가 수십억 년 전에 처음 형성되어 뜨겁고 말랑했을 때, 자전 때문에 적도 부위가 튀어나온 안정적인 편원oblate 형태가 만들어졌습니다. 그 표면 위의 모든 지점이 동일한 중력퍼텐셜을 갖게 됐죠. 그래서 해수면 높이에서 측정하기만 하면 시간이 모든 곳에서 동일한 속도로 흐릅니다. 여기서 더 높은 곳으로 올라가면 시간이 빨라지고, 지표면 아래로 내려가면 시간이 느려지죠.

앱이 내놓은 수치들은 잘못된 것이었고, 저는 공식을 수정해야 했죠. 그런데 문제는 그리 간단한 것이 아니었습니다. 이미 녹화를 하면서 그 앱이 어떻게 작동하는지 설명해놓은 상태였기 때문에 제 실수가 그대로 온 세상에 드러나는 건 시간 문제였죠. 그 상태 그대로 다큐멘터리를 방송할 수는 없었습니다.

저는 프로듀서에게 그 부분을 이야기했고, 그는 바로 BBC에 방영을 연기해달라고 요청했습니다. 제일 손쉬운 해결

---

[*]   평균해수면이 육지까지 연장되었다고 가정하여 나타낸 지구의 모양을 말합니다.

방법은 당연히 제 실수를 노출하는 장면을 재촬영하는 것이었습니다. 그보다 나은 대처 방법은 없었죠. 하지만 저는 이것이 실제 과학이 어떻게 작동하는지 보여줄 훌륭한 기회라는 생각이 들었습니다. 실수를 덮는 대신 솔직하게 밝혀서 과학에서도 실수가 일어날 수 있음을 보여주는 것이죠. 저는 새로 촬영을 하며 실수를 있는 그대로 보여주고, 제가 틀렸던 이유를 설명했습니다. 제가 어떤 특별한 용기나 강인한 성품을 갖춰서 그런 고백을 할 수 있었던 것은 아닙니다. 과학은 원래 실수를 통해 발전하는 것이고, 실수는 필연적입니다. 우리는 실수로부터 배우죠. 실수를 하지 않고서야 어떻게 세상에 대해 새로운 것을 발견할 수 있겠습니까? 이것이 과학이 정치와 다른 점입니다. 정치인이 자기가 틀렸다고 분명하게 인정하는 모습을 몇 번이나 보셨나요?

과학의 역사를 보면 과거의 실수에서 배웠던 사례가 가득합니다. 자연의 작동 방식에 대한 더 나은 이해와 새로운 실증적 증거는 새로운 가설과 낡은 이론을 교체하죠. 하지만 이런 접근 방식의 가치를 사회에 어떻게 설명해야 할까요? 가설을 세우고 검증한 다음, 데이터와 맞지 않으면 폐기하는 방법의 가치를 말입니다. 오늘날 공공에서 이루어지는 토론은 이와는 완전히 딴판입니다. 특히 소셜미디어가 그렇죠. 그곳에서는 엄격한 증거와 재현성보다 사적인 의견과 선입견에 의존하는 사람들이 더 큰 목소리를 냅니다.

과학자가 사회에 가르쳐줄 수 있는 교훈은 없을까요? 아니면, 과학자들은 그저 엘리트의식에 빠진 오만한 자들이라며 비난받아야 하는 것일까요?

정직에 대한 집착과 밀접한 관계가 있는 또 다른 과학의 특징은 의심의 중요성입니다. 이런 특성은 과학 연구 분야 외에서는 거의 찾아보기 힘들죠. 과학의 작동 방식에 대해 사회에 설명할 때 이런 특성이 오히려 최대의 적이 될 때도 있습니다. 과학은 무언가에 대해 결코 완전히 확신할 수는 없다고 말하니까요. 과학이론은 세상을 설명하기 위해 현재까지 나와 있는 최선의 추측일 뿐이고, 새로운 관찰이나 데이터와 충돌하는 순간 수정되거나 폐기됩니다. 물론 과학자들은 바로 더 나은 이론을 찾아 나설 준비를 해야 하죠. 사람들은 이렇게 말합니다. "당신 스스로도 확신하지 못하는데, 당신이 하는 말을 우리가 어떻게 신뢰하거나 믿을 수 있습니까? 어떻게 확실하지도 않은 것을 고수할 수 있지요?" 이런 반응이 나오는 것도 이해할 만합니다. 일시적인 '최선의 추측'이 아니라 '확실한 지식'을 추구하는 것이 인간의 본성이니까요.

하지만 이런 생각은 과학의 발전 방식에 대한 오해입니다. 과학의 진정한 가치는 확실성에서 나오는 것이 아니라, 불확실성에 대한 개방성으로부터 나옵니다. 과학은 현재의 지식에 의문을 품고, 더 나은 것이 등장하면 언제든 더 깊은 지식으로 대체할 준비가 되어 있죠. 다른 분야에서는 이런 태도가 변덕스러움으로 여겨질지도 모르겠습니다. 하지만 과학에서는 그렇지 않습니다. 과학자가 양질의 정직과 의심에 흔들림 없이 전념할 때 비로소 과학은 발전합니다.

과학자의 사고방식을 보여주는 사례를 하나 더 살펴보겠습니다. 여러분 중에는 이 이야기를 듣고 놀라는 사람도 있을 겁니다. 다른 사람도 아니고 평생을 강입자충돌기 건설에 바친 여러 물리학자가 힉스 보손이 발견되지 않기를 바랐다는 이야기를 들으면 보통 많은 사람이 충격을 받으니까요. 그 물리학자들이 왜 그랬냐고요? 힉스 보손이 발견되지 않는다는 것은 표준모형에 무언가 큰 문제가 있다는 의미입니다. 그럼 흥미진진한 새로운 물리학으로 들어가는 문을 찾아야 하죠. 이미 참이라 예상하고 있었던 것이 옳았다고 확인란에 체크표시를 하고 끝내는 것보다는, 지금까지 누구도 탐험해보지 않은 새로운 길을 걸어야 한다는 사실을 확인했을 때가 더 짜릿한 법입니다.

한편 우리 물리학자들은 아마추어 과학자들로부터 비난을 받기도 합니다. 편협한 사고방식 때문에 자신의 새로운 이론을 몰라본다는 것이 그 이유죠. 물론 악의가 있어서 하는 비난은 아닙니다. 때로 이들 중에는 아인슈타인의 상대성이론에서 결함을 찾아냈다고 주장하는 사람도 있습니다. 사실 저도 아인슈타인이 틀렸다고 증명되면 좋겠습니다. 그럼 상대성이론이 뉴턴 중력을 한 단계 더 발전시켰듯이, 상대성이론을 대체할 더 나은 새 이론이 필요해질 테니까요. 하지만 물리학자들은 벌써 한 세기 동안이나 아인슈타인의 개념들을 여기저기 찔러보며 인정사정없이 검증해왔습니다. 그런데도 상대성이론은 여전히 승리의 깃발을 휘날리고 있죠. 물론 언젠가는 상대성이론을 뛰어넘어 더 많은 것을 설명하는 이론이 발견될지도 모릅니다. 하지만 아직은 아무도 그런 이론을 찾아내지 못했습니다.

우리는 수 세기 동안 물리적 현상에 대한 더 근본적인 설명을 찾으려 지속적으로 애써왔습니다. 기존의 이론을 계속 검증해서 무너뜨리려는 일 역시 그런 노력의 일환입니다. 그렇게 해도 살아남으면 우리는 그 설명을 신뢰합니다. 다만 더 나은 설명이 등장할 때까지만요.

이론과 지식에 관하여

일상대화에서 우리는 "나한테 그럴듯한 이론이 있어"

라는 표현을 종종 합니다. 무언가에 대해 자기 나름의 의견이 있다는 의미로 이런 말을 하죠. 이것은 어떤 증거나 관찰에 바탕을 둔 의견일 수도 있지만, 이데올로기나 선입견, 혹은 어떤 신념체계에 따른 추측이나 직감에 불과한 경우도 있습니다. 옳든 아니든, 이런 '이론'은 제가 말하는 과학이론◆과는 아주 다릅니다. 과학이론도 물론 옳을 수도 있고 틀릴 수도 있죠. 하지만 이것은 단순한 의견과 달리 중요한 몇 가지 기준을 반드시 충족해야 합니다. 첫째, 과학이론은 자연에서 나온 것이든 실험에서 나온 것이든, 관찰에 대한 설명을 제시해야 합니다. 당연히 그 설명에 대한 증거도 제시해야 하죠. 둘째, 과학이론은 과학적 방법론에 따라 입증할 수 있어야 합니다. 반드시 검증이 가능해야 하고, 그 검증이나 관찰은 반복이 가능해야 하죠. 셋째, 좋은 과학이론이라면 그것이 설명하는 세상의 어떤 측면에 대해 새로운 예측을 내놓을 수 있어야 합니다. 그리고 그 예측 또한 추가적인 관찰이나 실험으로 검증이 가능해야 합니다.

상대성이론, 양자역학, 빅뱅이론, 다윈의 진화론, 판구조론plate tectonics, 질병의 세균유래설germ theory of disease 등 가

◆ 여기서는 경제학이나 심리학의 이론이 아닌 자연과학의 이론을 말하고 있습니다.

장 성공적인 과학이론들은 모두 엄격한 검증을 거쳐 최선의 설명으로 등장하게 됐습니다. 이런 이론들을 두고(특히 다윈의 진화론을 두고) "한낱 이론에 불과하다"라고 말하는 것을 자주 듣지만, 이것들은 그렇게 쉽게 무시할 수 있는 것이 아닙니다. 이런 발언은 '성공적인' 과학이론이라는 말에 담긴 무게를 무시하고 있습니다. 성공적인 이론은 그것이 세상을 설명할 힘이 있고, 뒷받침하는 증거가 있고, 검증 가능한 예측을 내놓을 수 있지만, 그럼에도 여전히 반증 가능성에 열려 있음을 뜻합니다. 예측과 모순되는 관찰이나 실험 결과가 나올 때 올바르지 않거나 전체를 설명하지 못하고 놓친 부분이 있는 이론이 된다는 뜻이죠.

그렇다면 과학과 과학적 방법론의 기반을 뒤흔들려는 사람들에게 어떻게 반박해야 할까요? 증거보다 자신의 의견이 더 가치 있다고 주장하는 사람들 말입니다. 이들은 자신의 이론이 동일한 과학적 기준을 충족하지 않음에도 자신이 반박하는 과학이론만큼이나 신뢰를 받아야 한다고 하죠. 지구가 편평하다거나, 아폴로 우주선의 달 착륙이 사기라거나, 세상이 불과 수천 년 전에 창조되었다고 믿는 사람들을 보면 그냥 웃어넘기면 될 일입니다. 하지만 기존의 과학에 반대하는 데서 그치지 않고 사회에 정말 해로운 관점을 주장하는 사람들도 있습니다. 예를 들면 인류 활동으로 인한 기후 변화를 부정하고, MMR 백신 *과

자폐증의 근거 없는 연관성을 믿고 자녀에게 백신을 접종하기를 거부하고, 현대 의학보다 마법이나 미신을 더 선호하는 사람들이 있죠.

저도 이런 질문에 명확한 해답을 갖고 있지 않아서 참 안타깝습니다. 저는 물리학자 경력 중 절반을 우주의 작동 방식을 이해하기 위한 연구에 헌신했습니다. 나머지 절반은 제가 배운 것을 가르치고, 소통하고, 설명하는 데 바쳤죠. 그래서 저도 대중과 더 폭넓게 만나서 과학적 문제에 대해 토론해야 한다는 책임으로부터 자유로울 수 없습니다. 이런 문제 중에는 너무 중요해서 반드시 짚고 넘어가야 할 것들이 많죠. 하지만 제가 보기엔 아주 잘못된 관점이라 해도, 그런 관점을 신념처럼 떠받드는 사람의 생각을 고치기란 정말로 어려운 일입니다.

사실 음모론은 과학이론과 대척점에 있습니다. 음모론은 불리한 증거마저도 그 핵심 개념을 뒷받침하는 증거로 곡해해서 반증이 불가능하게 만들어버리죠. 이런 관점을 가진 사람들은 항상 자신의 가설에 유리한 방향으로만 증거를 해석하려 합니다. 이것을 '확증편향confirmation bias'이라고 하죠. 이념적 믿음에 대한 논쟁에서, 우리는 종종 '인지부조화cognitive dissonance'

---

*   홍역, 볼거리, 풍진 혼합백신Measles-Mumps-Rubella combined vaccine입니다.

라는 말을 합니다. 이는 자신의 믿음과 반대되는 관점을 뒷받침하는 증거에 직면했을 때 정신적으로 불편함을 느끼는 것을 뜻하죠. 인지부조화가 확증편향과 강력하게 결합하면 기존의 신념을 강화하는 작용을 합니다. 이런 마음가짐을 가진 사람을 과학적 증거로 설득하는 일은 시간 낭비일 때가 많습니다.

주류 언론과 소셜미디어가 서로 너무나 다른 여러 관점을 쏟아내는 환경에서, 많은 사람이 대체 무엇을 믿어야 할지 몰라 난감해합니다. 그럴 만하죠. 가짜뉴스와 증거가 뒷받침된 정확한 정보를 어떻게 가려낼 수 있을까요?

이때 과학자들이 할 수 있는 역할이 하나 있습니다. 기계적 중립에 제동을 거는 것입니다. 전 세계 거의 모든 기후학자가 지구의 기후가 인간의 활동 때문에 급속히 변하고 있고 재앙을 막으려면 긴급한 조치가 필요하다고 말하는 상황에서, 언론이 굳이 반대쪽 주장도 들어봐야 한다며 기후 변화를 부정하는 의견을 소개할 필요는 없다는 것이죠. 이런 식으로 접근하면 대중은 양쪽 관점이 모두 근거 있는 주장이라는 잘못된 인상을 받게 됩니다. 각각의 입장을 뒷받침하는 과학적 증거의 무게도 차이가 나지만, 인류에 의한 기후 변화가 진짜로 일어나고 있다고 주장하는 사람과 그것을 부정하는 사람의 진정한 차이는 전자의 경우 정말로 자신의 주장이 틀렸기를 바라고 있다는 점입니다.

　　과학자는 언제나 인정할 것입니다. 어쩌면 기후 변화가 일어나고 있지 않고, 어쩌면 진화론에 오류가 있을지 모르고, 어쩌면 상대성이론도 틀렸을지 모른다고 말입니다. 어쩌면 중력이 사람을 아래로만 잡아당기는 것은 아니어서, 명상을 하면 공중부양이 가능할지 모른다고 할 수도 있죠. 하지만 여기서 말하는 '어쩌면'은 모른다는 의미가 아닙니다. 우리는 이론들을 계속 검증할 것이고, 검증에서 살아남으면 그 이론들을 신뢰하고 과학 비전공자들과 그것들에 대해 이야기할 것입니다. 우리 과학자들은 정직과 의심이라는 측면에서 자신을 표현하는 경향이 있습니다. '이론'이라는 단어가 과학과 일상의 대화에서 다른 의미를 갖는 것처럼, '확신'이라는 단어도 과학자들에게는 특별한 의미가 있습니다. 물론 명상으로 중력을 극복하고 공중부양을 하는 일은 불가능하다고 저는 마음속으로 아주 깊이 확신하고 있습니다. 지구가 둥글고, 지구의 나이가 수십억 년이 되었고, 생명이 진화한다는 것도 확신합니다.

　　그럼 암흑물질의 존재도 확신하느냐고요? 거의요.

진리에 관하여

　　진리에 다다르는 서로 다른 방법들이 존재한다거나, 실제로는 서로 다른 종류의 진리들이 존재한다는 이야기를 자주 듣습니다. 분명 이 책을 읽는 철학자나 신학자가 있다면 물질에 관한 저의 지나치게 단순화된 물리학적 관점을 딱할 정도로 순진하다 여기겠죠. 하지만 제게 있어서 절대적 진리란 실재하면서 인간의 주관성과 독립적으로 존재하는 것을 의미합니다. 제가 과학은 진리의 추구라 말할 때, 그것은 과학자들이 사물의 궁극적 본성에, 저 밖에서 발견되어 이해되기를 기다리는 객관적 실재에 최대한 가까이 다가가려 끝없이 노력하고 있다는 의미입니다. 때로는 이런 객관적 실재란 그저 세상에 대한 사실들을 모아놓은 것이라는 느낌이 들 수도 있습니다. 우리가 모두 알 때까지 서서히 발견해가는 사실들의 모음 말이죠. 하지만 과학에서는 결코 무언가가 확실하다고 말할 수 없음을 기억해야 합니다. 나중에 그보다 더 깊은 이해에 도달하여 우리가 찾는 궁극의 진리에 더 가까이 다가갈 가능성이 상존합니다.

　　실제적으로 과학에는 우리가 사실이라 여겨도 안심할 만한 수준의 확신에 도달한 이론과 개념이 많습니다. 제가 지붕 위에서 뛰어내리면 지구가 저를 간단한 수학적 관계에 따라 아래로 잡아당길 것입니다(그리고 저는 지구를 위로 아주 살짝 잡아당기겠죠). 이 수학적 관계는 더할 나위 없이 분명한 사실에 가깝죠. 우리가 아직 중력에 관해 알아야 할 모든 것을 알지는 못하지만 중력이 세상의 사물에 미치는 영향은 알고 있습니다. 우리가 5m 높이에서 공을 떨어뜨리면, 굳이 스톱워치로 확인해보지 않아도 허공에서 1초 정도 낙하하다가 땅에 부딪힐 것입니다. 2초도 아니고 0.5초도 아니고 1초입니다. 언젠가 우리는 새로운 양자중력 이론을 찾아낼지도 모릅니다. 하지만 그 이론이 공의 낙하에 뉴턴의 운동 방정식에 따른 예측 시간의 2배나 절반이 걸릴 것이라 예측하는 일은 없을 것입니다. 이것은 세상에 대한 절대적인 진리입니다. 그 어떤 철학적 논쟁, 명상, 영적 각성, 종교적 체험, 직관, 정치적 이데올로기도 5m 높이에서 떨어트린 공이 땅에 떨어지는 데 1초가 걸린다는 사실을 말해주지 못합니다. 하지만 과학은 말해줄 수 있죠.

그렇다면 어떤 면에서 볼 때 우주의 법칙에서 우리가 아직 이해하지 못한 부분(암흑물질과 암흑에너지의 본질, 급팽창이론의 진위, 양자역학의 올바른 해석, 시간의 진정한 본질 등)을 이해하게 된다고 해도, 일상세계를 구성하는 힘, 물질, 에너지에 관한 이해가 바뀌지는 않을 것입니다. 물리학이 무언가를 새로이 발견한다고 해도 우리가 이미 알고 있는 지식이 무용지물이 되는

것은 아닙니다. 그저 기존의 지식을 개선해서 더 깊이 이해하게
되는 것이죠.

물리학자도 사람이다

결국 물리학자들도 다른 사람들과 똑같습니다. 우리도
자신의 개념과 이론이 옳기를 바라기 때문에 그에 반하는 새로
운 증거에 직면하면 그것들을 지키려들 때가 많죠. 아무리 똑똑
한 물리학자라 해도 자기 이론의 문제점은 관대하게 넘어가고
라이벌 이론에 대한 비난에는 열을 올립니다. 다른 모든 분야처
럼 과학에도 확증편향이 존재하고, 과학자라고 해서 예외는 아
닙니다. 우리 물리학자들도 종신 교수직과 승진을 위해 발버둥
치고, 연구비 지원을 받기 위해 경쟁하고, 프로젝트 마감일을 앞
두고 머리를 싸매고, 학술지 논문 발표로 압박을 받고, 동료의
존경과 상사의 인정을 받으려고 열심히 연구합니다.

과학적 방법론의 훈련 과정은, 연구에서 기본적인 본능
을 극복할 수 있도록 겸손하고 정직해지는 법을 함께 가르칩니
다. 우리는 욕망, 편견, 개인적 관심 등에 빠져 잘못된 길로 들어
가지 않는 법을 배우게 되죠. 물리학자 개개인에만 초점을 맞추

면 이런 면이 잘 보이지 않습니다. 과학 연구에서 사기나 부패가 판을 치는 사례들이 분명 존재하니까요. 하지만 하나의 연구 공동체로서 우리는 내부수정 절차를 갖추고 있습니다. 과학논문에 대한 동료심사peer review를 진행하고(이것이 딱히 연구를 평가하는 이상적인 방법은 아니라고 해도), 젊은 과학자들이 윤리적이고 책임감 있게 연구를 수행하도록 엄격하게 훈련하죠. 과학적 방법론이 본질적으로 자기수정 능력을 갖추고 있다는 의미입니다. 과학적 방법론은 반복성, 지속적인 정직성, 이론에 대한 비판적 평가를 요구합니다. 이론 자체가 약하면 옹호자들이 아무리 살리려 발버둥 쳐도 결국에는 사라지게 됩니다. 크게 득세한 이론의 경우 유통기한이 지나서도 그 지배력을 벗어나는 데 한두 세대가 걸리기도 하지만 말입니다.

　　최고의 물리학자들을 보면 한 발 물러서서 여론, 유행, 명성 등의 편견에서 자유로워질 수 있는 사람이 많습니다. 이들은 심지어 자신 자신의 편견에서도 자유롭습니다. 이런 일은 어떤 이론이 해당 주제에 대한 최종이론이 아니라고 이미 알려져 있거나, 충실한 옹호자들을 거느린 라이벌 이론들이 있을 때 일어날 가능성이 높습니다. 모든 과학이 그렇듯이, 물리학도 다수결원칙에 따르지 않죠. 단 한 번의 실험적 관찰만으로도 널리 받아들여지고 있던 이론이 무너지고 새로운 이론으로 대체될 수 있습니다. 그럼 그 이후로 관찰 데이터의 날카로운 공세에 버티며 끝없이 스스로의 정당성을 입증할 책임은 이 새로운 이론에게 넘어가죠.

오늘날 기초물리학 분야에는 실험을 통하지 않고 머리로만 생각해낸 사변적인 이론들이 많습니다. 8장에서 몇몇을 만나보았죠. 이런 이론들은 제대로 된 과학이론이 갖추어야 할 조건을 충족하지 못하는 것으로 생각될 수 있습니다. 실험을 통한 검증이 불가능하기 때문이죠. 여기에 해당하는 것을 제게 꼽아보라면 끈이론, 고리양자중력, 블랙홀 엔트로피, 다중우주이론 등을 들 것입니다. 이런 것들은 적어도 현재로서는 실험적 검증이 불가능합니다. 하지만 전 세계 수천 명의 이론물리학자들이 이런 주제로 맹렬하게 연구를 진행하고 있습니다. 지금 검증할 수 없다고 해서 연구를 멈추어야 할까요? 이 물리학자들이 더 '유용한' 분야에 사용해야 할 공적 자금을 허비하는 것일까요? 이론을 검증할 방법도 없는데 이들이 이런 연구에 매달리는 이유는 무엇일까요? 이들은 방정식의 아름다움에 눈이 멀어버린 것일까요? 실제로 몇몇 물리학자들은 데이터로 자신의 이론을 검증할 필요가 없으며, 수학적 일관성과 우아함*을 갖추었는지 서로의 이론을 비교하며 검증해보면 된다고 주장하기도 합니다. 이런 주장은 제가 볼 때는 대단히 위험해 보입니다.

하지만 이런 '어둠 속의 탐구자들'에게 너무 냉혹하게 구는 것은 과학이론 역사에 대한 몰이해와 상상력 결핍의 반증일 수 있습니다. 맥스웰이 전기장과 자기장에 관한 방정식들을 만들고 거기에서 빛의 파동 방정식을 이끌어냈을 때, 다른 사람들은 물론이고 그 자신도 꿈에도 몰랐습니다. 훗날 하인리히 헤르츠Heinrich Hertz, 올리버 로지Oliver Lodge, 굴리엘모 마르코니 Guglielmo Marconi 같은 사람들이 그 지식을 무선통신 개발에 사용할 것이라는 사실을 말이죠. 아인슈타인도 상대성이론을 개발했을 때 언젠가 그것이 정교한 GPS를 만드는 데 사용될지 몰랐습니다. 우리가 여기에 접근할 때 사용하는 주머니 속 슈퍼컴퓨터, 즉 스마트폰은 여러 경이로운 기술을 집약한 결정체로, 양자역학의 선구자들이 내놓은 추상적인 추측이 없었다면 세상에 나올 수 없었을 것입니다.

그러므로 급팽창 우주론학자와 끈이론 연구자, 고리양자중력 연구자들은 탐구를 이어갈 것입니다. 마땅히 그래야 합니다. 이들의 이론은 틀린 것으로 밝혀질 수도 있습니다. 반대로 인류의 역사를 바꿔놓을 수도 있죠. 어쩌면 또 한 명의 아인

●　　수학적 우아함elegance이란 문제의 해법이 단순명료하면서도 효과적이고 구조적인 것을 의미합니다.

슈타인이나, 혹은 인공지능이 나타나 현재의 혼란을 정리해주기를 기다려야 할지도 모릅니다. 아직은 알 수 없습니다. 그래도 한 가지는 말할 수 있습니다. 우주에 대한 호기심을 멈추고 우주가, 우리가 어떻게 이 세상에 존재하게 되었는지 탐구하기를 멈춘다면, 그 순간 우리는 더 이상 인간이 아니라는 것이죠.

인간의 조건은 측정 불가능할 정도로 풍부합니다. 우리는 미술, 시, 음악을 발명했습니다. 종교와 정치체계도 창조했습니다. 한낱 수학공식으로는 표현할 수 없는 풍부하고 복잡한 사회와 문화와 제국을 건설했습니다. 하지만 우리가 어디서 왔는지, 우리 몸속의 원자가 어디서 형성됐는지, 우리가 사는 이 세상과 우주에 대한 모든 '왜'와 '어떻게'를 알고자 한다면, 물리학이야말로 실재의 진정한 이해로 가는 길입니다. 이런 이해를 바탕으로, 우리는 우리 세상과 운명을 빚어낼 수 있습니다.

감사의 글

　일반인을 대상으로 하는 짧은 책에서 광범위한 기초물리학 분야들을 다루면서, 동시에 여러 주제에 대한 최신 사고방식을 구체적인 부분까지 한데 엮어 담기란 쉬운 일이 아닙니다. 과연 제가 이 일을 성공적으로 해냈는지에 대한 판단은 여러분에게 맡기겠습니다. 저는 대중과학 서적에 매번 등장하는 흔한 비교나 비유는 피하고 싶었습니다. 이런 것들 중에는 과학의 발전에 비하면 이미 구식이 되었거나 틀린 것으로 밝혀진 것이 많습니다.

　이런 목표들을 모두 달성한다 해도 한 가지 문제가 더 남습니다.

　우리 물리학 지식은 아직 설명되지 않은 거대한 바다에 둘러싸인 섬과 같습니다. 하지만 이 섬은 항상 크기를 키워나가고 있죠. 이 책은 그 섬의 해안선 탐험을 위해 쓰였습니다. 현재 우리의 이해가 어디까지 와 있는지 확인하는 여행이죠. 하지만 이 해안선을 간결하고 정확하게 설명하는 것은 누구에게나 무척 어려운 일입니다. 저는 30년 넘게 이론물리학 연구에 몸담았습니다. 사반세기 동안 대학에서 학생들을 가르치는 동시에 과학 커뮤니케이터 겸 저자로 활동하면서, 복잡한 개념을 풀어서 설명하는 적절한 언어를 찾는 기술을 갈고닦았습니다. 그럼에도 제 전문 분야가 아닌 다른 물리학 분야를 완전히 이해하는 데 제 스스로 한계가 있음을 잘 알고 있습니다. 그래서 오랜 시간 저와 뜻깊은 토론을 나누어준 여러 동료와 공동 연구자에게 큰 빚을 졌습니다. 소중한 시간을 내어 이 원고를 읽어보고, 제 부족한 부분을 채울 조언과 제안을 아끼지 않았던 사람들에게도 정말 감사한 마음입니다. 이들이 제안해준 미묘한 표현의 변화 덕분에 명료함과 단순성을 희생하지 않으면서도 더 정확한 설명을 할 수 있었습니다.

　　물리학의 미해결 문제에 대해 다룰 때는 제 관점을 표현하면서 기꺼이 다소 논쟁적으로 글을 쓰기도 했습니다. 아직도 논란과 추측이 존재하는 분야는 최대한 강조하려고 노력했습니다. 특히 양자역학의 토대, 양자중력이나 급팽창이론에 대한 접근 문제 등 과학적 합의가 이루어진 부분에 제가 비판적으로 접근한 경우에는 더욱 그랬습니다. 변명을 하자면, 이런 것들이 꼭 제 개인적인 관점만은 아니기 때문입니다. 이것은 자신의 분야에서 최첨단의 연구를 진행하는, 제가 존경하는 물리학자들의 관점이기도 합니다.

특히 도움 되는 말을 많이 해준 서리대학교 물리학과의 동료 저스틴 리드Justin Read, 폴 스티븐슨Paul Stevenson, 안드레아 로코Andrea Rocco에게 감사드리고 싶습니다. 일부 천문학 관련 내용에 대해 명확하게 설명해준 프린스턴대학교의 마이클 스트라우스Michael Strauss, 암흑물질의 본질과 급팽창이론의 의미에 대해 알찬 토론을 나누어준 UCL의 앤드루 폰젠Andrew Pontzen 에게도 감사드립니다. 소중한 통찰을 제공해준 제가 좋아하는 과학작가 필립 볼Philip Ball과 존 그리빈John Gribbin에게도 감사의 말씀을 드립니다.

이 모든 분들이 언급하고 제안한 부분을 최대한 반영하려고 노력했습니다. 세부 사항으로 들어가면 분명 일부 사람들은 전적으로 동의하지 않는 내용도 있겠지만, 부디 그런 부분이 너무 많지는 않기를 바랍니다. 한 가지 분명한 점은 이들 덕분에 이 책이 훨씬 나아졌다는 것입니다. 이들에게 도움을 구하지 않았다면 이런 수준의 책이 나올 수는 없었을 것입니다.

저는 벌써 여러 해 동안 BBC 라디오 4의 프로그램 〈라이프 사이언티픽The Life Scientific〉에 출연하는 즐거움을 누렸습니다. 그 프로그램에서 세계적으로 저명한 과학자들을 여럿 만났죠. 그 덕에 기초물리학 최신 개념들을 더 깊이 파고들 기회가 있었습니다. 특히 입자물리학과 우주론의 색다른 영역들을 탐험해볼 수 있었죠. 제 프로그램에 훌륭한 게스트로 출연해주었던 숀 캐럴, 프랭크 클로즈Frank Close, 폴 데이비스Paul Davies, 페이 다우커Fay Dowker, 카를로스 프렝크Carlos Frenk, 피터 힉스, 로렌스 크라우스Lawrence Krauss, 로저 펜로즈, 카를로 로벨리Carlo Rovelli에게 많은 신세를 졌습니다. 이 책에 전폭적으로 지지하지 않는 내용이 있다면(분명 있을 것입니다), 부디 이들이 양해해주기를 바랍니다. 이들이 이 원고를 읽어보지는 않았지만, 이들의 통찰은 분명 제가 사고를 명확히 하는 데 큰 도움이 되었습니다.

마지막으로 프린스턴대학교 출판부의 담당 편집자 인그리드 그네르리치Ingrid Gnerlich에게 큰 빚을 졌습니다. 이 책의 구조와 형식에 대한 그의 열정적인 지원, 조언 및 제안은 이 최종 버전을 탄생시키는 데 큰 도움이 됐습니다. 제 교열 담당자 애니 고틀리브Annie Gottlieb에게도 감사드립니다.

당연한 일이지만, 늘 참을성 있게 저를 보살펴주고 지지해준 사랑하는 아내 줄리에게 가장 큰 감사의 마음을 전하고 싶습니다. 거의 그만큼이나 다정한 에이전트 패트릭 월시 Patrick Walsh에게도 같은 마음을 전합니다. 우리는 정말 좋은 팀입니다.

더 읽을거리

다음은 이 책의 주제를 확장해주는 과학 서적의 목록입니다.

물리학 일반

∘ 피터 앳킨스Peter Atkins, 『Conjuring the Universe: The Origins of the Laws of Nature』(Oxford and New York: Oxford University Press, 2018).

∘ 리처드 파인만Richard P. Feynman 외, 『The Feynman Lectures on Physics, 3 vols.』(Reading, MA: AddisonWesley, 1963; rev. and ext. ed., 2006; New Millennium ed., New York: Basic Books, 2011); 다음 사이트에서 이용할 수 있다. http://www.feynmanlectures.caltech.edu. 한국어판은 『파인만의 물리학 강의 1~3』(승산, 2009).

∘ 로저 펜로즈Roger Penrose, 『The Emperor's New Mind:

Concerning Computers, Minds, and the Laws of Physics』(Oxford and New York: Oxford University Press, 1989). 한국어판은『황제의 새 마음: 컴퓨터, 마음, 물리법칙에 관하여』(이화여자대학교출판문화원, 1996).

∘ 리사 랜들Lisa Randall, 『Warped Passages: Unraveling the Mysteries of the Universe's Hidden Dimensions』(London: Allen Lane; New York: HarperCollins, 2005). 한국어판은『숨겨진 우주: 비틀린 5차원 시공간과 여분 차원의 비밀을 찾아서』(사이언스북스, 2008).

∘ 칼 세이건Carl Sagan, 『The Demon-Haunted World: Science as a Candle in the Dark』(New York: Random House, 1996). 한국어판은 『악령이 출몰하는 세상』(김영사, 2001).

∘ 스티븐 와인버그Steven Weinberg, 『To Explain the World: The Discovery of Modern Science』(London: Allen Lane; New York, HarperCollins, 2015). 한국어판은『스티븐 와인버그의 세상을 설명하는 과학』(시공사, 2016).

∘ 프랭크 윌첵Frank Wilczek, 『A Beautiful Question: Finding Nature's Deep Design』(London: Allen Lane; New York: Viking, 2015). 한국어판은 『뷰티풀 퀘스천: 세상에 숨겨진 아름다움의 과학』(흐름출판, 2018).

양자물리학

- 짐 알칼릴리Jim Al-Khalili, 『Quantum: A Guide for the Perplexed』 (London: Weidenfeld and Nicolson, 2003).

- 필립 볼Philip Ball, 『Beyond Weird: Why Everything You Thought You Knew about Quantum Physics Is…Diferent』(London: The Bodley Head; Chicago: University of Chicago Press, 2018).

- 애덤 베커Adam Becker, 『What Is Real? The Unfinished Quest for the Meaning of Quantum Physics』(London: John Murray; New York, Basic Books, 2018). 한국어판은 『실재란 무엇인가: 양자물리학의 의미를 밝히는 끝없는 여정』(승산, 2022).

- 숀 캐럴Sean Carroll, 『Something Deeply Hidden: Quantum Worlds and the Emergence of Spacetime』(London: OneWorld; New York: Dutton, 2019). 한국어판은 『다세계: 양자역학은 왜 평행우주에 수많은 내가 존재한다고 말할까』(프시케의숲, 2021).

- 제임스 쿠싱James T. Cushing, 『Quantum Mechanics: Historical Contingency and the Copenhagen Hegemony』(Chicago and London: University of Chicago Press, 1994).

- 데이비드 도이치David Deutsch, 『The Fabric of Reality: Towards a Theory of Everything』(London: Allen Lane; New York: Penguin, 1997).

◦ 리처드 파인만, 『QED: The Strange Theory of Light and Matter』 (Princeton and Oxford: Princeton University Press, 1985). 한국어판은 『일반인을 위한 파인만의 QED 강의』(승산, 2001).

◦ 존 그리빈John Gribbin, 『Six Impossible Things: The 'Quanta of Solace' and the Mysteries of the Subatomic World』(London: Icon Books, 2019).

◦ 톰 랭커스터Tom Lancaster, 스티븐 블런델Stephen J. Blundell, 『Quantum Field Theory for the Gifted Amateur』(Oxford and New York: Oxford University Press, 2014).

◦ 데이비드 린들리David Lindley, 『Where Does the Weirdness Go? Why Quantum Mechanics is Strange, but Not as Strange as You Think』(New York: Basic Books, 1996).

◦ 데이비드 머민N. David Mermin, 『Boojums All the Way Through: Communicating Science in a Prosaic Age』(Cambridge, UK, and New York: Cambridge University Press, 1990).

◦ 사이먼 손더스Simon Saunders, 조너선 배럿Jonathan Barrett, 에이드리언 켄트Adrian Kent, 데이비드 월리스David Wallace 엮음, 『Many Worlds? Everett, Quantum Theory, & Reality』(Oxford and New York: Oxford University Press, 2010).

입자물리학

- 짐 배것Jim Baggott, 『Higgs: The Invention and Discovery of the 'God Particle'』(Oxford and New York: Oxford University Press, 2017). 한국어판은 『힉스, 신의 입자 속으로: 무엇으로 세상은 이루어져 있는가』(김영사, 2016).
- 존 버터워스Jon Butterworth, 『A Map of the Invisible: Journeys into Particle Physics』(London: William Heinemann, 2017).
- 프랭크 클로우스Frank Close, 『The New Cosmic Onion: Quarks and the Nature of the Universe』(Boca Raton, FL: CRC Press / Taylor and Francis, 2007).
- 헤라르뒤스 엇호프트Gerard 't Hooft, 『In Search of the Ultimate Building Blocks』(Cambridge, UK, and New York: Cambridge University Press, 1997).

우주론과 상대성이론

- 숀 캐럴, 『The Big Picture: On the Origins of Life, Meaning, and the Universe Itself』(New York: Dutton, 2016; London: OneWorld, 2017). 한국어판은 『빅 픽쳐: 양자와 시공간, 생명의 기원까지

모든 것의 우주적 의미에 관하여』(글루온, 2019).

◦ 알베르트 아인슈타인Albert Einstein, 『Relativity: The Special and the General Theory, 100th Anniversary Edition』(Princeton, NJ: Princeton University Press, 2015). 한국어판은 『상대성 이론: 특수 상대성 이론과 일반 상대성 이론』(지식을만드는지식, 2012).

◦ 브라이언 그린Brian Greene, 『The Hidden Reality: Parallel Universes and the Deep Laws of the Cosmos』(London; Allen Lane; New York: Alfred A. Knopf, 2011).

◦ 미치오 가쿠Michio Kaku, 『Hyperspace: A Scientific Odyssey through Parallel Universes, Time Warps, and the 10th Dimension』(Oxford and New York: Oxford University Press, 1994). 한국어판은 『초공간: 평행우주, 시간왜곡, 10차원 세계로 떠나는 과학 오디세이』(김영사, 2018).

◦ 에이브러햄 파이스Abraham Pais, 『'Subtle is the Lord⋯': The Science and the Life of Albert Einstein』(Oxford and New York: Oxford University Press, 1982).

◦ 크리스토퍼 레이Christopher Ray, 『Time, Space and Philosophy』(London and New York: Routledge, 1991).

◦ 볼프강 린들러Wolfgang Rindler, 『Introduction to Special Relativity, Oxford Science Publications』(Oxford and New York: Clarendon Press,

1982).

◦ 에드윈 테일러Edwin F. Taylor, 존 휠러John Archibald Wheeler, 『Spacetime Physics』(New York: W. H. Freeman,1992). 다음 사이트에서 이용할 수 있다. http://www.eftaylor.com/spacetime-physics.

◦ 맥스 테그마크Max Tegmark, 『Our Mathematical Universe: My Quest for the Ultimate Nature of Reality』(London: Allen Lane; New York: Alfred A. Knopf, 2014). 한국어판은 『맥스 테그마크의 유니버스: 우주의 궁극적 실체를 찾아가는 수학적 여정』(동아시아, 2017).

◦ 킵 손Kip S. Thorne, 『Black Holes and Time Warps: Einstein's Outrageous Legacy』(New York and London: W. W. Norton, 1994). 한국어판은 『블랙홀과 시간여행: 아인슈타인의 찬란한 유산』(반니, 2016).

열역학과 정보

◦ 브라이언 클레그Brian Clegg, 『Professor Maxwell's Duplicitous Demon: The Life and Science of James Clerk Maxwell』(London: Icon Books, 2019).

◦ 폴 데이비스Paul Davies, 『The Demon in the Machine: How Hidden Webs of Information Are Finally Solving the Mystery of Life』(London: Allen Lane; New York: Penguin, 2019).

◦ 하비 레프Harvey S. Leff, 앤드루 렉스Andrew F. Rex 엮음, 『Maxwell's Demon: Entropy, Information, Computing』(Princeton, NJ: Princeton University Press, 1990).

시간의 본질

◦ 줄리언 바버Julian Barbour, 『The End of Time: The Next Revolution in Physics』(Oxford and New York: Oxford University Press, 1999).

◦ 피터 코브니Peter Coveney, 로저 하이필드Roger Highfield, 『The Arrow of Time: A Voyage through Science to Solve Time's Greatest Mystery』(London: W. H. Allen; HarperCollins, 1990).

◦ 폴 데이비스P.C.W. Davies, 『The Physics of Time Asymmetry』(Guildford, UK: Surrey University Press; Berkeley, CA: University of California Press, 1974).

◦ 제임스 글릭James Gleick, 『Time Travel: A History』(London: 4th Estate; New York: Pantheon, 2016). 한국어판은 『제임스 글릭의 타

임트래블: 과학과 철학, 문학과 영화를 뒤흔든 시간여행의 비밀』(동아시아, 2019).

∘ 카를로 로벨리Carlo Rovelli, 『The Order of Time, trans. Simon Carnell and Erica Segre』(London: Allen Lane; New York: Riverhead, 2018). 한국어판은『시간은 흐르지 않는다: 우리의 직관 너머 물리학의 눈으로 본 우주의 시간』(쌤앤파커스, 2019).

∘ 리 스몰린Lee Smolin, 『Time Reborn: From the Crisis in Physics to the Future of the Universe』(London: Allen Lane; Boston and New York: Houghton Mifflin Harcourt, 2013).

통일

∘ 마커스 초운Marcus Chown, 『The Ascent of Gravity: The Quest to Understand the Force that Explains Everything』(New York: Pegasus, 2017; London: Weidenfeld and Nicolson, 2018).

∘ 프랭크 클로우스, 『The Infinity Puzzle: The Personalities, Politics, and Extraordinary Science behind the Higgs Boson』(Oxford: Oxford University Press; New York: Basic Books, 2011).

∘ 브라이언 그린Brian Greene, 『The Elegant Universe: Superstrings, Hidden Dimensions, and the Quest for the Ultimate Theory』

(London: Jonathan Cape; New York: W. W. Norton, 1999). 한국어판은 『엘러건트 유니버스』(승산, 2002).

◦ 리사 랜들Lisa Randall, 『Knocking on Heaven's Door: How Physics and Scientific Thinking Illuminate the Universe and the Modern World』(London: Bodley Head; New York: Ecco, 2011). 한국어판은 『천국의 문을 두드리며: 우주와 과학의 미래를 이해하는 출발점』(사이언스북스, 2015).

◦ 카를로 로벨리, 『Reality Is Not What It Seems: The Journey to Quantum Gravity, trans. Simon Carnell and Erica Segre』(London: Allen Lane, 2016; New York: Riverhead, 2017). 한국어판은 『보이는 세상은 실재가 아니다: 카를로 로벨리의 존재론적 물리학 여행』(쌤앤파커스, 2018).

◦ 리 스몰린, 『Three Roads to Quantum Gravity』(London: Weidenfeld and Nicolson, 2000; New York: Basic Books, 2001). 한국어판은 리 스몰린 『양자 중력의 세 가지 길: 리 스몰린이 들려주는 물리학 혁명의 최전선』(사이언스북스, 2007).

◦ 리 스몰린, 『Einstein's Unfinished Revolution: The Search for What Lies Beyond the Quantum』(London: Allen Lane; New York: Penguin, 2019). 한국어판은 『아인슈타인처럼 양자역학하기: 직관과 상식에 맞는 양자이론을 찾아가는 물리학의 모험』(김영

사, 2021).

○ 레너드 서스킨드Leonard Susskind, 『The Cosmic Landscape: String Theory and the Illusion of Intelligent Design』(New York: Little, Brown, 2005). 한국어판은 『우주의 풍경: 끈 이론이 밝혀낸 우주와 생명 탄생의 비밀』(사이언스북스, 2011).

○ 프랭크 윌첵, 『The Lightness of Being: Mass, Ether, and the Unification of Forces』(Basic Books, 2008).

찾아보기

지은이 | **짐 알칼릴리** Jim Al-Khalili

영국의 물리학자이자 과학 커뮤니케이터. 바그다드에서 태어나 이라크의 아름다운 밤하늘을 보며 자랐다. 영국 서리대학교 이론물리학 교수와 대중의 과학 참여Public Engagement in Science 부서장을 맡고 있다.

한국에 번역된 책으로 『물리학 패러독스』, 『생명, 경계에 서다』 등이 있고, 그 밖에도 『양자Quantum』, 『지혜의 집: 아랍의 과학은 어떻게 고대의 지식을 구원하고 우리에게 르네상스를 주었는가The House of Wisdom: How Arabic Science Saved Ancient Knowledge and Gave Us the Renaissance』를 비롯해 여러 책을 집필했다.

연구와 저술 외에도 영국 BBC 텔레비전과 라디오에서 다수의 과학 프로그램을 진행했으며, 영국 영화 텔레비전 예술 아카데미BAFTA 후보에 오른 〈화학: 변화무쌍한 역사Chemistry: A Volatile History〉와 〈카오스의 은밀한 생활The Secret Life of Chaos〉 등에 출연했다.

과학 커뮤니케이션에 기여한 공로로 2007년에는 왕립협회의 마이클 패러데이 메달을, 2011년에는 영국 물리학회에서 주는 켈빈 메달을 받았고, 2016년에는 대중과 과학의 소통을 진전시킨 공로자에게 수여하는 스티븐 호킹 메달Stephan Hawking medal의 초대 수상자로 선정됐다. 왕립협회 회원이며 잉글랜드 사우스시Southsea에 살고 있다.

트위터 @jimalkhalili

--------------------------------- ✳ ---------------------------------

옮긴이 | **김성훈**

치과 의사의 길을 걷다가 번역의 길로 방향을 튼 엉뚱한 번역가. 중학생 시절부터 과학에 대해 궁금증이 생길 때마다 틈틈이 적어온 과학 노트가 지금까지도 보물 1호이며, 번역으로 과학의 매력을 더 많은 사람과 나누기를 꿈꾼다. 현재 바른번역 소속 번역가로 활동하고 있다. 『단위, 세상을 보는 13가지 방법』, 『아인슈타인의 주사위와 슈뢰딩거의 고양이』, 『세상을 움직이는 수학개념 100』 등을 우리말로 옮겼으며, 『늙어감의 기술』로 제36회 한국과학기술도서상 번역상을 수상하였다.

어떻게 물리학을
사랑하지 않을 수 있을까?

이 세상을 이해하는 가장 정확한 관점

펴낸날 초판 1쇄 2022년 5월 10일
　　　　 초판 7쇄 2024년 3월 29일
지은이 짐 알칼릴리
옮긴이 김성훈
펴낸이 이주애, 홍영완
편집장 최혜리
편집1팀 양혜영, 강민우, 문주영
편집 박효주, 유승재, 박주희, 장종철, 홍은비, 김혜원, 김하영, 이정미
디자인 기조숙, 박아형, 김주연, 윤신혜, 윤소정
마케팅 김미소, 김지윤, 김태윤, 김예인, 최혜빈, 정혜인
해외기획 정미현
경영지원 박소현
도움교정 유지현
펴낸곳 (주)윌북
출판등록 제2006-000017호
주소 10881 경기도 파주시 광인사길 217
전화 031-955-3777 **팩스** 031-955-3778
홈페이지 willbookspub.com
블로그 blog.naver.com/willbooks **포스트** post.naver.com/willbooks
트위터 @onwillbooks **인스타그램** @willbooks_pub
ISBN 979-11-5581-467-3 03400